珠宝与风格

时代特征与佩戴美学

[意] 克里斯蒂娜·德尔·马雷 _ 著

毛文　顾子暄 _ 译

电子工业出版社·

Publishing House of Electronics Industry

北京·BEIJING

图书在版编目(CIP)数据

珠宝与风格:时代特征与佩戴美学 /(意)克里斯蒂娜·德尔·马雷著;毛文,顾子暄译. -- 北京:电子工业出版社,2025.7. -- ISBN 978-7-121-49448-2

Ⅰ. TS941.11

中国国家版本馆 CIP 数据核字第 2025DE1050 号

责任编辑:张　昭

印　　刷:北京利丰雅高长城印刷有限公司
装　　订:北京利丰雅高长城印刷有限公司
出版发行:电子工业出版社
　　　　　北京市海淀区万寿路 173 信箱　　　邮编:100036
开　　本:889×1194　1/16　　印张:10.25　　字数:303.4 千字
版　　次:2025 年 7 月第 1 版
印　　次:2025 年 7 月第 1 次印刷
定　　价:198.00 元

凡所购买电子工业出版社图书有缺损问题,请向购买书店调换。若书店售缺,请与本社发行部联系,联系及邮购电话:(010)88254888,88258888。
质量投诉请发邮件至 zlts@phei.com.cn,盗版侵权举报请发邮件至 dbqq@phei.com.cn。
本书咨询联系方式:010-88254210,influence@phei.com.cn,微信号:yingxianglibook。

作者介绍

克里斯蒂娜·德尔·马雷

来自意大利米兰，大学主修人类史，现为人类学家和珠宝文化专家，曾经担任意大利唯一一家珠宝主题的维琴察珠宝博物馆馆长，在全球出版过 20 多本珠宝专业书籍。

插图师介绍

苏珊娜·泰斯塔

设计专业博士，担任米兰理工大学设计系助理教授和 POLI.design 主办的时尚技术硕士课程教学协调员。学术活动外，她还是一名插画师和专注于时尚配饰及珠宝的设计师。

图书策划及译者之一

毛文

独立国际珠宝顾问，珠宝美学教师及作家，拥有近 30 年珠宝市场经验，研究珠宝历史和美学鉴赏，出版过数本图书如《珠宝秘语》等，同时为上海作家协会会员。

译者之一

顾子暄

90 后时尚和珠宝爱好者，擅长时尚搭配。毕业于波士顿大学和哥伦比亚大学，在攻读传媒学期间，选修了罗马史和考古学。拥有 GIA 应用珠宝家证书。

目录 | Contents

前言　珠宝是风格和身份的标志 / 1

序言　珠宝，记录所有的美好 / 5

第一章　项链 /6

从贝壳吊坠到斯基泰金色胸饰 / 7

从闪闪发光的拜占庭十字架到珍贵的符咒 / 9

奇异的文艺复兴吊坠和多样的巴洛克风格珍珠 / 10

珍珠项链 / 12

从浪漫的浮雕到新艺术的华丽蜻蜓 / 14

从绚丽多彩的几何装饰到好莱坞女明星的白色装束 / 19

从 "新造型" 到雕塑项链 / 22

项链佩戴的造型示范 / 26

最适合你的项链

针对圆领或者船形衣领

V 领或露肩装

细长脖子或者圆脖子

吊坠（挂件）

第二章 戒指 /34

从环状青铜到帝王印章 / 35

主教戒指、魔力宝石戒和赎罪铭文戒 / 38

婚礼和订婚戒指 / 40

钻石订婚戒指 / 42

从文艺复兴时期的釉彩到精致的 18 世纪"小花园" / 47

从新古典主义硬石雕刻到旅行纪念品 / 50

悼念戒指 / 52

从新艺术运动的蜿蜒线条到凿点金工镶嵌 / 54

冰块变成了"手指雕塑" / 58

戒指佩戴的造型示范 / 60

戴多少？如何戴？

手指的和谐

恰当的位置

订婚戒指佩戴方式

第三章 耳环 /66

避邪护身符和力量的象征 / 67

中世纪耳环的消失和 16 世纪耳环的复兴 / 70

法国宫廷和水晶吊灯的装饰时尚 / 72

从古典主义复兴到东方兼容 / 74

工薪阶层佩戴的耳环 / 78

20 世纪和前卫艺术的影响 / 80

前卫时尚的耳夹和实验性创新 / 82

耳环佩戴的造型示范 / 86

耳钉

环形耳环

水晶灯或吊坠型

多耳洞佩戴法

第四章 手链 / 手镯 /92

从祖先的金属装饰品到精致的古典金匠手链 / 手镯 / 93

从文艺复兴热潮到花卉和彩绘珐琅 / 95

从巴洛克风格到新古典主义的手镯黄金时期 / 98

手镯腕表 / 102

从流线型的花卉到厚实的几何"坦克"手镯 / 104

俏皮设计感的手镯和手腕雕塑 / 108

手链 / 手镯佩戴的造型示范 / 110

完美的形状

单独佩戴还是作为穿搭的一部分？

戴在裸露皮肤上还是袖套上？

第五章　胸针 /116

从骨针到金属"蝎子"胸针 / 117

原始的扣针胸针变成了精雕细琢的文艺复兴杰作 / 119

巴洛克风格的奇特和路易十四时期服装领口上闪闪发光的蝴蝶结 / 121

"塞维涅"胸针 / 124

法国大革命后的节制与意大利纪念品 / 126

情感意义的胸针 / 128

从标新立异的新艺术到生机盎然的几何装饰 / 130

从白色装束到好莱坞明星的金色胸针 / 132

从波普徽章式胸针到艺术家雕塑 / 136

胸针佩戴的造型示范 / 140

胸针未必只能戴一个

佩戴的位置至关重要

创意也不容小觑

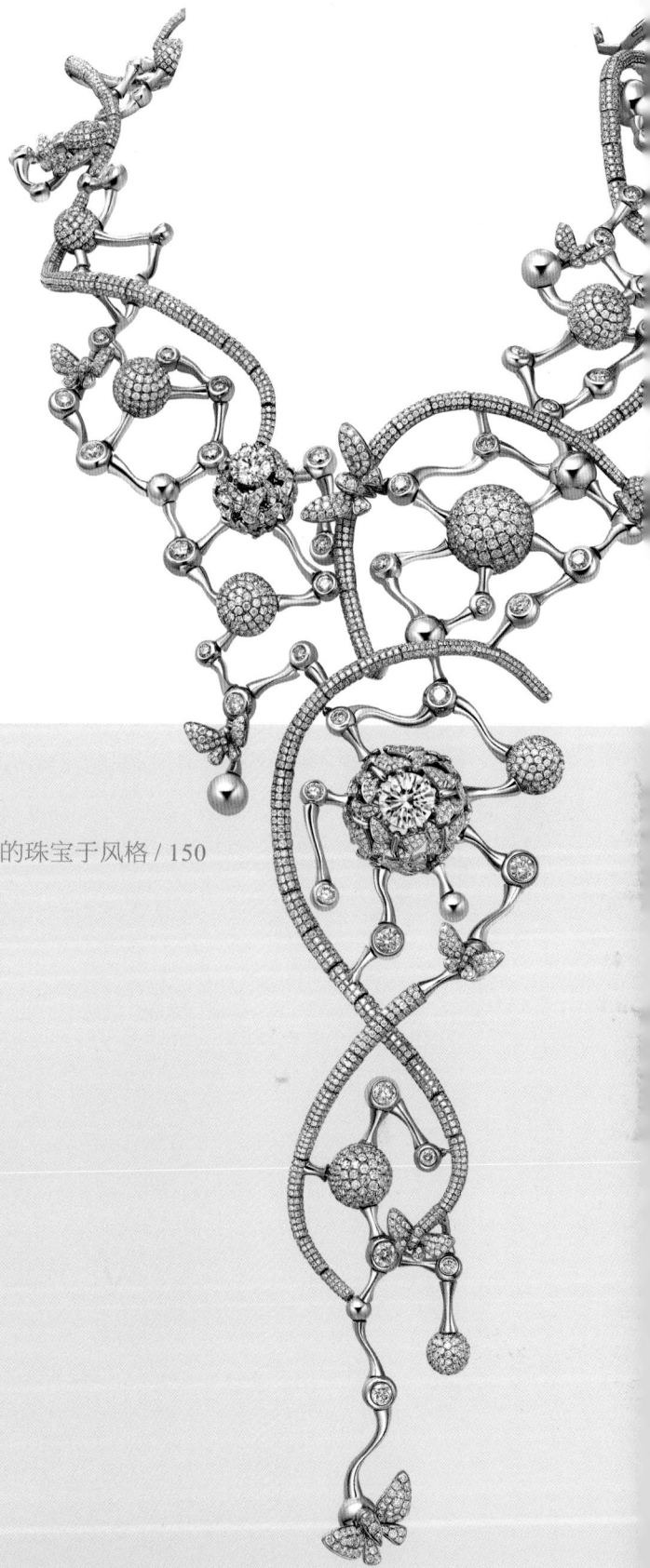

后记 1　珠宝凝聚人类的智慧 / 149

后记 2　对话珠宝设计师林烨：创造当代的珠宝于风格 / 150

词汇索引 / 152

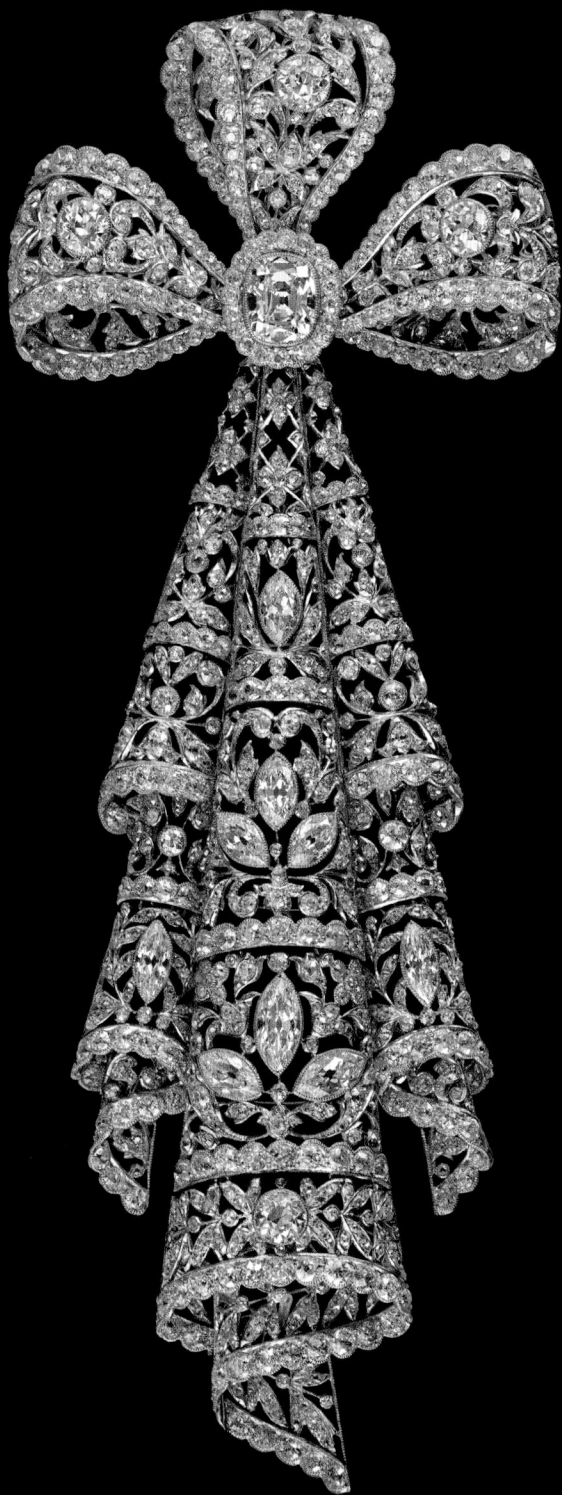

前言｜珠宝是风格和身份的标志

作者：克里斯蒂娜·德尔·马雷

在当下复杂而又变化多端的时代大背景下，有人可能会质疑谈论珠宝和流行风格这类"轻浮"的话题是否过于肤浅。然而事实恰恰相反，谈论这个话题并非徒劳。我们会发现，人类早在发明轮子、造纸术、指南针和印刷技术前，就开始拥有装饰品了。有人类学家曾指出，装饰品的引入标志着人类的进化。

装饰过的人类认识到了装饰的重要性：利用象征性、魔幻意义和炫耀自身权力的装饰品点缀自身，以此表达对不朽的渴望，对美的追求，以及从社会和个人层面彰显自身的欲望。即使从来没有过珠宝的文化，珠宝的每一种形式、功能，以及其符号和制作珠宝的材料，都被珍视为社会人文的一种"文化风格"。事实上，美的理念会随着不同时代的品味和风格发生改变。我们观察珠宝的演变过程，会发现在制作和选择珠宝时，人文、经济、工艺、艺术价值的综合因素影响着其形状、种类和材料。因此，要了解珠宝是如何演变的，我们必须研究人类的历史、人类学的演变以及有助于定义其物质和非物质价值的美学范畴。物质与非物质、实用

与形象、具体与抽象的双重性定义了从古至今的珠宝。人类与生俱来对寓意的探索早已在贝壳、种子、羽毛、牙齿、指甲、野兽的骨头这些被旧石器时代视作装饰品的小物件中找到答案，它们被赋予了特定的价值——驱除邪恶，这种价值肯定比它们的外观更重要。贝壳保护佩戴者的生育能力，而牙齿象征着实力和勇气，两者都瞬间表明了佩戴者的身份。换而言之，它们决定了佩戴者的阶层和群体，向其他人透露其身份。因此，珠宝是高度符号化的物件，是一种社群内外都认可的词汇。它们存在的同时，也在被注视。历史上这样的例子数不胜数。只有法老才能佩戴气势磅礴的威塞克领和鹰头耳环，这是荷鲁斯神的象征，是君主权力和尊严的专属象征，也与神奇的功能有关。罗马人将戒指戴在左手无名指上，因为根据基督教后来采用并流传至今的传统，通过"爱的静脉"连接心脏，代表了配偶双方的信仰和社会地位。即使在现代，新奇、与众不同的装饰品也是身份的标志。今天，珠宝仍然被认为是表达我们是谁的一种方式。它不再一定是佩戴者属于特殊群体或社区的标志。人们

可以根据环境、情绪、季节和表达自己个性的愿望来混搭装饰和配饰，以此讲述属于自己的故事。珠宝带来的神奇意义超越了它本身的物质价值，它给装饰品赋予了非凡性，并展现出特别的魅力。由于人类具有自我表达的需求，珠宝也成为身份的识别标志，它作为一个非语言的、符号学的关键元素，催化着以人体为中心的交流系统。

正如亚历山德罗·波利所写，珠宝这个标志归属于"身体建筑"，设计它需要拥有比技术更多的复杂知识。身体的标志性和珠宝象征性之间的直接联系，催生了装饰元素，继而成为历史上的珠宝装饰，它超越了时间、特定造型或形象。因此，珠宝不仅是装饰，更是一种美学表达。它是一个故事的叙述者，就像伊丽莎白·泰勒说的那样："每一件珠宝都在讲述一个故事。"珠宝讲述了"我"是谁和"我"的故事。人们往往会选择一件最能代表生命重要时刻的珠宝，或者希望他人以此来记住"我们"的珠宝所讲述的故事。"我"的珠宝表达了我如何看待自己以及我希望别人如何看待我。它是我的象征，也是我在他人身上的映射。外表和

符号的关联其实是心理学上自我认知和自我呈现的一种，或者更确切地说，体现一个人如何看待自己以及如何在群体中展示自己。因此，珠宝在我们每个人的日常生活中扮演着重要的角色。它们就像会表达且有意义的语言，而不像时尚那样边界模糊和短暂流行。时尚是一种快速又轮回的风格变化，但这不适用于珠宝。珠宝是从精细又复杂的设计和工艺中发展而来的。它们经久耐用，并值得铭记。它们无惧时间的变化而历久弥新。如果如艾莉森·卢里所言，装饰品和配饰就像口语中的修饰词和副词，那么一个人对珠宝的选择越有针对性和精准性，这个人越容易从人群中脱颖而出。选择合适的珠宝也存在不同的方法，它可以复杂、精简、古怪、传统，抑或中庸。佩戴独特的珠宝使佩戴者变得特别，就像佩戴古董珠宝表现佩戴者优雅和沉思的灵魂，选择异想天开珠宝的人则拥有了反传统性。那些选择可以被溯源的珠宝和宝石（使用如今被许多珠宝公司采用的区块链技术，以确保珠宝被合理加工且不会因冲突和剥削而产生额外利益）是令人钦佩的道德象征，这将增加更有社会责任感的创造需求。

每个人的选择都是一种向世界传达的信息。我们该如何选择最适合我们的珠宝呢？

本书旨在概述我们熟知的珠宝首饰类型，它们的历史背景、纯粹的传统、让珠宝成为永恒标志的特性，以及标志着珠宝首饰演变的艺术和技术发明。了解珠宝以及其风格是如何随着时间的推移而变化的，这将有助于我们选择最适合自己的珠宝。知识孕育判断，判断塑造风格。熟悉各个时代的品味和不同的创作者，并记下令人着迷的东西。这样，就会得到一份不拘一格的清单，从中获得强烈的风格灵感。然后找到自己的风格！如果风格不是一个人吸引他人效仿的迷人姿态，那么风格到底是什么呢？每一个故事都有一个开头，因此，请将故事的线索掌握在自己手中：成为新思想和新生活方式的创始人吧。服装和个人装饰是一个人独特性的体现，是自我肯定的标志。但是，只有在内化的过程中，才能构建自我，构建个性。人类是唯一有意愿改变外表的生物。"豹子无法改变自己的斑点，即使是会变色的变色龙，也从未想过：我今天想变成什么颜色？"（摘选于《时尚：规则和代表》

一书）。让珠宝成为你优雅的标志，成为你个人身份的标志。从美学角度讲，"优雅"（源自拉丁语 eligere）意味着"懂得选择"。当你懂得如何辨别美，自由地发挥自己对美的理解时，和谐与品味就会完美地融入你的个人风格之中。的确，就像香奈儿女士说的那样，"优雅不是精英的特权，而是任何有胆量呈现自我风格的人的权利"。珠宝史上不乏时尚与优雅的代表人物：德·塞维涅夫人因其为路易十三宫廷设计的蝴蝶结形别针而闻名于世；英国王后亚历山德拉，爱德华七世之妻，因其为掩盖脖子上的伤疤而设计的短颈链而闻名于世。还有嘉柏丽尔·可可·香奈儿，她是多条珍珠项链叠戴的先驱，她总是佩戴这种项链，这也成了她的品牌标志。提到艾里斯·阿普菲尔，没有人不记得她那夸张又花哨的手镯，这又是一个风格符号的典范。罗兰·巴特写道："珠宝即使价格并不昂贵，也是风格实践中的一部分……它在造型搭配上拥有至高地位，不是因为其本身价值，而是因为它对整体服装造型起到了决定性影响。"珠宝有价值的意义体现在看似"微不足道"的细节上，却让我们每个人都独一无二。每一件作品，无论价值高低，都是材料、技术和设计之间协同作用的结果，其目的正是为了得到佩戴者的主观认可。

如今，我们已不再受时尚品牌或时尚潮流的左右，这种个性化的碎片化现象越来越强烈地促使我们创造自己的个人风格。我们可以接触到越来越多的元素，让我们择其代表自己。试想一下那些可以变换佩戴方式的多用途珠宝：吊灯耳环可以拆卸成吊坠，项链可以变成手链（如梵克雅宝的"Zip拉链"珠宝），又或是手链、耳环和锁骨链可以拆解为成千上万种不同的挂件。佩戴个性独特的珠宝首饰总比佩戴华而不实的珠宝首饰要更有趣味。在选择珠宝时，需要考虑环境和时间、搭配的服饰和配饰，但同样重要的是要考虑我们的形象，尤其是我们个人的风格。通过阅读每章末尾关于项链、手镯、耳环、戒指和胸针的"造型示范"，你可以找到适合自己的完美珠宝首饰，佩戴出新的优雅、新的创意和精致有型的风格。不要执着于习惯或旧有的喜好，享受寻找改变的勇气，勇于尝试，敢于创新。表达个性会有无穷无尽的方式，佩戴珠宝也是如此。因此，如何提升自己的优势至关重要。如果选错了珠宝首饰，反而遮掩了自己的优点。相反，要提炼出自己的独特之处，并将其发挥到极致，即使它们不符合普通人对美的理解。如果你的耳朵部分很突出，那就戴上一些与众不同的耳环吧。如果你的脖子是莫迪里阿尼油画中的细长形象，那就用花哨的项圈来修饰它。请记住，珠宝首饰是一个人在选择服装时最后佩戴的东西，但它总是最先被注意到！

序言 | 珠宝，记录所有的美好

　　很荣幸受邀为《珠宝与风格：时代特征与佩戴美学》一书写序，感谢享誉欧洲的人类学家和珠宝文化专家克里斯蒂娜·德尔·马雷女士用她多年的研究和记录，系统阐述了珠宝在各个历史时期中的特征以及创立的时代风格，这是一本珠宝从业者和珠宝爱好者了解珠宝发展脉络的指导手册。

　　《珠宝与风格：时代特征与佩戴美学》一书中收录了众多珠宝品牌和博物馆典藏的珠宝图片，使读者在通读珠宝恢宏历史的同时，也能享受到珠宝带来的视觉冲击。在本书中，星光达作为中国珠宝镶嵌领域的领军企业之一，非常荣幸有多件作品被收录其中。特别是旗下钻石品牌"完美爱 ALLOVE"以"十心十箭"品牌钻石设计创作的"星耀皇冠"（STAR CROWN），被比利时 DIVA 博物馆收藏，由此诞生了品牌里程碑的馆藏系列，借此与书中收录的其他博物馆典藏珠宝，一同成为不同历史时期风格珠宝的典范。

　　一如本书的作者所写，珠宝是从精细又复杂的设计和雕琢中发展而来的。它们经久耐用，无惧时间的变化而历久弥新，方才成为人们用以铭记时光的珍宝。作为

中国珠宝行业的求索者和行业协会负责人，我相信随着中国经济的持续发展，中国珠宝行业已成为全球珠宝行业的重要组成部分，未来会有越来越多中国珠宝品牌创作的作品闪耀于世界珠宝的舞台，也成为全球珠宝藏家心仪之选。

　　珠宝不仅属于历史，更属于未来。珠宝的风格代表不同时期不同地区的人类生活方式，也是每一个人时尚品味和个性风采的再现，珠宝为人类带去所有的美好。任重道远，珠宝人砥砺前行！

林畅伟

中国珠宝玉石首饰行业协会副会长

深圳市黄金珠宝首饰行业协会副会长

深圳市罗湖区政协常务委员

星光达集团董事长

于深圳，2024 年 1 月 2 日

项链

"没有什么比黑色的裙子和毛衣，搭配一条闪闪发光的彩色宝石项链，更优雅的事了。"

——克里斯汀·迪奥

阿莱西奥·博斯基
罗马喷泉四河神项链

钯金、玫瑰金、白钻、珍珠、祖母绿、帕拉伊巴碧玺

从贝壳吊坠到
斯基泰黄金胸饰

来自中亚的斯基泰黄金双龙项环项链
公元前 200 年
美国弗吉尼亚州威廉斯堡的 TK 亚洲古董博物馆

项链佩戴在头部和身躯的连接处，在两者之间建立起和谐的平衡。佩戴在裸露双肩之间的锁骨链可以增强女性的性感，并吸引人们对其脸部的关注，而佩戴在胸部曲线上的长项链则可以增强佩戴者的优雅姿态和增强裙装的飘逸设计。

在所有装饰品中，项链可以说是最出挑的珠宝，也是人类最古老的装饰物。众所周知项链一直具有观赏价值和象征意义，是佩戴者社会地位、信仰、所属社会阶层或群体的象征。

从最早的古器物，那些用兽骨、贝壳、牙齿和角制成的吊坠开始，人们就认为项链具有神奇的保护力量。随着金属加工技术的发展，项链的形状逐渐变得更加精致。在早期的历史文明中，项链在个人生活的许多阶段都扮演着重要角色。

在节日庆典中，项链赋予了佩戴者权威，也是丧葬仪式的重要组成部分。根据项链设计中的符号和制作项链的贵重材料，项链还成为抵御负面影响的护身符。

在吉萨的考古遗址中出土的壮观墓葬物品可以追溯到埃及第 12 王朝（公元前 2000—公元前 1786 年），其中包括一个项圈，即埃及最常见的韦塞克宽领项链，由一排排垂直的圆柱形红玉髓珠、辉石和金珠组成，用两个饰有鹰头的金扣锁住，鹰头是与法老关系密切的荷鲁斯神的标志。项链也是希腊最精致的首饰，饰有精致的树叶、花冠、橡子和雕刻宝石。在早期希腊化时代，双环链的连接处装饰有常春藤或葡萄叶。伊特鲁里亚的金匠技艺高超，掌握了造粒、镂空和珐琅等复杂的技术，创造出带有东方图案、狮头、公牛和狮鹫的珍贵项链。

罗马金匠最初采用伊特鲁里亚和希腊的风格及技术，后来形成了自己的风格，其特点是拥有饱满的线形和使用彩色宝石。罗马金匠通过在飘逸的服装和珠宝之间创造一种完美的和谐来感受高雅着装的乐趣。在这一时期，女性的项链戴法总是能灵活变通的，饰有金珠、珊瑚或多刻面玻璃珠，还使用了由商人和军事征服带到罗马的新材料，如红海和印度洋的珍珠、埃及开采的祖母绿、波罗的海沿岸的琥珀和英伦三岛的煤玉。这一时期首次出现了带有单根编织线的长项链（在庞贝发掘中发现了一条242厘米长的标本），女主人会将项链在脖子上缠绕数圈，或交叉佩戴在胸前或背后，交叉点上的钉饰会使项链轮廓显得特别摇曳生姿。

一个戴着珠宝的罗马女人肖像画，法尤姆
埃及公元1世纪
© 美国保罗·盖蒂博物馆 洛杉矶

伊特鲁里亚项链，黄金、玛瑙和红玉髓
公元前5世纪初
© 美国大都会艺术博物馆 纽约

也许远古时代没有其他人像斯基泰人那样将黄金高捧为他们自己社会的核心元素，斯基泰人是希罗多德曾提到的公元前5世纪的游牧民族，他们生活在伊朗、黑海和蒙古之间的希腊世界（指古希腊的文化、历史和地理领域，包括希腊本土和周边地区）北部边境。黄金被认为是连接人类和神的物质，它被大量用于制造雄伟、异常精致的胸饰，其历史可追溯到公元前1世纪，其中包括一种独特动物风格的彩色项圈。这些作品具有非凡的可塑性，它们描绘了捕食者、神话生灵、动物形状以及受斯基泰人传说启发的场景。凯尔特人和北欧人一直流行佩戴这种男女均可佩戴的硬质项圈，其形式多种多样，有简单的铁圈或铜圈，也有带着复杂装饰的金环。

从闪闪发光的拜占庭十字架到珍贵的符咒

马达莱娜的哭泣
《马达莱娜传奇》，约 1525 年
© 英国国家美术馆 伦敦

拜占庭黄金珐琅十字架，公元 1100 年
© 美国大都会艺术博物馆 纽约

在拜占庭时期，古典世界的一些技术和风格仍在使用，比如佩戴在胸前和肩上的编织链。尽管拜占庭社会等级森严，生活俭朴，有限制炫耀珠宝的倾向，但其装饰品却融合了古典文明的风格和来自东方文化的影响。其项链上的坠饰成为基督教的标志，君士坦丁堡宫廷服饰上出现了掐丝珐琅十字架，还有以各种颜色的宝石和珍珠为特色的鲜艳多彩的项链。

在整个中世纪，项链都受到东方和拜占庭风格的影响，突出大颗宝石、珍珠或玻璃、穿孔金匾，或用金币打造出短而耀眼的短项链。

银镀金珐琅挂件，内含教皇遗体舍利子祝福的护身符，法国 14 世纪
© 美国大都会艺术博物馆 纽约

细腻入微的绘画艺术为我们提供了一个更好的视角，让我们了解项链款式的变化进程。在这一时期，项链并不是真正的珠宝，人们将宝石、彩色玻璃或珍珠绣在衣服上，以模仿昂贵的珠宝。来自东方和西方的商人交易的宝石，都是由中世纪的宝石商人根据其神奇的疗愈特性来选择的，据说这些宝石的神奇功能可以帮助佩戴者避免不幸。从 13 世纪开始，除了代表虔诚的项链，项链几乎完全消失了。基督教徽章或圣人和殉道者遗物的碎片被保存在小水晶盒中，或者镶嵌在特制的十字架上，希腊语意为"胸前"。作为玛利亚念珠的前身，它是由小珠子按照祈祷周期依次组合而成的。它被挂在脖子上或腰带上，主链由不同的材料制成，包括最受欢迎的来自西西里岛和那不勒斯的珊瑚。尽管是宗教物品，但最精致的祷文念珠被认为是珍贵的装饰品，并成为全欧洲女士的身份象征。

银项链镶嵌珍珠贝壳和钻石
英格兰 1740—1760 年

© 英国 V&A 博物馆 伦敦

奇异的文艺复兴吊坠和多样的巴洛克风格珍珠

拉斐尔·桑齐奥画作《独角兽女士》约 1506 年
罗马博尔盖塞美术馆

黄金镂空吊坠
中心镶有雕刻珊瑚
1675—1700 年

© 荷兰国立博物馆 阿姆
斯特丹

文艺复兴时期，人们对人类和世界的看法发生了翻天覆地的变化，从而对艺术产生了不同的看法，这也反映在当时的服饰和珠宝上。人们用珍珠和装饰物精心修饰发型，低领口服饰让人们着重关注坠饰，吊坠是文艺复兴时期最受欢迎的珠宝，被挂在长长的金链上或固定在衣服上。吊坠的款式多种多样，珐琅与单颗宝石镶嵌，也有宗教图案、庇护标志、奇幻怪异的动物形象，在巨大的巴洛克风格珍珠上运用珐琅工艺围边并镶嵌其他宝石，所有这些都是技术和创意的真正杰作。吊坠的两侧饰有用宝石和珐琅制成的蔓藤花纹图案，被称为摩尔人装饰品。从 15 世纪初开始，船形吊坠开始流行起来。设计者将海上探险和与各大洲贸易的激情，通过大帆船、海怪、美人鱼和人鱼造型的珠宝表现出来。由于皇室的馈赠和嫁妆，以及金匠们为了躲避宗教战争和迫害而远走他乡，这种新风格传遍了整个欧洲。

从 16 世纪末开始，长裙以正式和严谨的设计为特色，为女性塑造出完美的身形。为了突出女性的自然比例，人们对高领和紧身胸衣做了改良，高领改成了大围脖，紧身胸衣则延伸到腰带下方。在这个三角形的空间里，珠宝项链与礼服的新造型相得益彰。有时，珠宝被直接缝在厚重的布料上，通常与耳环和腰带搭配成套，突出了紧身胸衣的底部。这是裁剪有型的服装作为身份象征的开始，由于当时实行的禁奢令限制奢侈品的展露，这在某种程度上抑制了奢侈品进一步发展。尽管如此，嵌入宝石钉的沉甸甸链条配以戒指，可以用金币来计价，证明了奢侈品仍然在发光，珠宝仍是具有货币价值的物品。

时尚稍纵即逝，从 17 世纪下半叶开始，服装领域掀起了一股更轻快、更多彩的潮流，项链也变成了简单的珍珠锁骨链。另一方面，在路易国王的法国宫廷中，某些优

黄金珐琅项链，镶嵌桌面切钻石，悬坠一
颗野生珍珠和一颗抛光蓝宝石
约 1660 年
© 英国 V&A 博物馆 伦敦

法国国王查理一世的妻子亨丽埃塔的肖像
1638 年
温莎城堡里的皇家收藏

黄金珐琅吊坠，镶嵌珍珠和祖母绿
欧洲 16 世纪末
© 英国 V&A 博物馆 伦敦

黄金海豚吊坠，镶嵌宝石
德国约 1600 年
© 荷兰国立博物馆 阿姆斯特丹

雅和精致的洛可可风格项链大量使用高品质的钻石和其他宝石，从而增加了对钻石的需求。法国人乔治·弗雷德里克·斯特拉斯正是针对人们对钻石的痴迷找到了一种有效的仿制品——氧化铅与玻璃的结合，这就彻底改变了 18 世纪的珠宝世界。这种"水钻"在有的国家被称为"斯特拉斯"，是以其发明者的名字命名的，它可以像宝石一样进行切割，使珠宝商能够创造出价格低廉、光彩夺目的作品，并采用新颖、更明亮、更轻巧的镶嵌方式，让不太富裕的阶层也能买得起。

18 世纪珠宝的一大特色是镶嵌彩色宝石的项链，项链上的花卉图案穿插着缠绕的蝴蝶结和丝带，与那个时代的织物和家具装饰相呼应。事实上，这种风格的灵感来源于 18 世纪流行的自然主义和植物学研究，还由此诞生了许多绘画及复制品。

珍珠项链

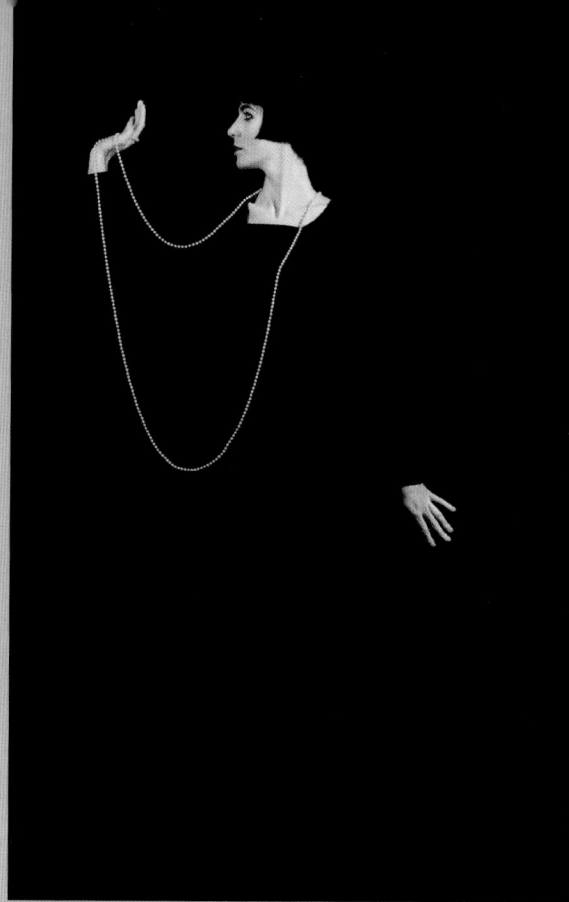

路易丝·布鲁克斯

© 尤金·罗伯特·里奇 约翰·科巴尔基金会 盖蒂图片社

珍珠代表月球，象征稀有和纯洁的女性，它的魅力受到历史上每一个文明的追逐，佩戴珍珠的女性成为迷人的偶像。罗马人对珍珠的热情可能源自希腊。在罗马，珍珠如此重要和抢手，以至于罗马不得不颁布法律来限制珍珠的使用。在整个文艺复兴和巴洛克时期，珍珠都是君主和贵族最喜爱的珠宝。卢多维科·伊·莫罗送给他的准新娘比阿特丽斯·德·埃斯特一条带有巨大水滴祖母绿吊坠的奢华珍珠项链，卡特琳娜·德·美第奇以其收藏大而美的珍稀珍珠而闻名于世，后来传给了伊丽莎白一世。这位英国女王偏爱珍珠而不是其他宝石，所以在每幅官方肖像中她都佩戴珍珠项链，成为完美和谐的典范。她对珍珠的热情如此之高，以至于她用珍珠装饰身体，她的衣服和发型到处可见珍珠的影子，即使它们未必全是天然珍珠。

从 17 世纪末到 18 世纪，珍珠也不时地出现在锁骨链上，点亮了那个时期礼服的领口，让礼服变得越来越轻盈和明亮。人们

对珍珠的需求变得如此之大，以至于法国人复·贾奎因率先发明了制作珍珠仿制品的方法：覆盖鱼鳞用吹制玻璃的方法制成，使其更加耐磨。20 世纪初，让·派索将彩色纤维素醋酸酯与"东方精华"，一种从鱼鳞中获得的有机物质相结合，达到了令人惊讶的完美程度。在 19 世纪，小米珠串起的项链很流行，人们用马毛串米珠做成花环，优雅地系在脖子上。在 20 世纪，珍珠继续大放异彩，由于日本的御木本幸吉开发了一种新的养殖技术，珍珠也能以实惠的价格出售，受到了各个阶层的青睐，从而提高了知名度。珍珠项链的魅力由来已久：从伊丽莎白一世佩戴的巴洛克风格长串珍珠项链，到 17 世纪女王和贵妇脖子上随处可见的珍珠项链，再到 20 世纪 10—20 年代与飘逸裙装相伴的长项链，以及 20 世纪 60 年代女性佩戴的多串珍珠项链。从古至今，珍珠项链一直是完美的百搭配饰，可以创造出意想不到的时尚新造型。

▲ 阿尼尔·杜蒙斯蒂尔
夏洛特·玛格丽特·德·蒙莫朗西，约 1610 年
伦敦维斯美术馆

▲ 彼得·莱利，布拉干萨的凯瑟琳女王肖像
1663—1665 年
皇家收藏 伦敦

▼ 约瑟夫·卡尔·斯蒂勒
巴伐利亚的玛丽亚·安娜 萨克森女王，1842 年
皇家收藏 伦敦

▼ 乔治·高尔
女王伊丽莎白一世 1588 年，局部细节
© 英国国家肖像美术馆 伦敦

从浪漫的浮雕到新艺术的华丽蜿蜒

　　法国大革命后，金匠行业骤然停滞。在法国，象征古老政权的珠宝首饰有意被回避和替换，取而代之的是在脖子上系上有花边的红丝带，而红丝带的位置正是断头台上头部掉落的确切位置。在 19 世纪初，第一帝国美妙的新古典主义创作重新出现，灵感来自拿破仑王朝所崇拜的希腊和罗马雕像。新古典主义在当时的服装和装饰品中大放异彩，不断自我改变，将紧身肃穆的服装变成了高腰的柔软连衣裙，并配以柔和色彩。这些新款式需要适度和低调的装饰品，颜色要与服装完美搭配。最受欢迎的项链是单串珍珠项链、镶嵌钻石或其他宝石的项链，并饰有吊坠。与拿破仑所钟爱的帝国古典主义联系在一起的是意大利制造的镶嵌着大量雕刻宝

石、贝壳浮雕或微型马赛克的装饰品，外框简单，用细链连接，描绘出罗马和那不勒斯的古迹。这一时期的重要考古发现影响了金匠的风格，重新引入了古典形式和元素，创造了"考古风格"：经典的双耳瓶与巴肯特人和神话英雄的头像、金丝和精细的花纹相结合。罗马金匠卡斯特拉尼和卡洛·朱利亚诺等杰出的珠宝工匠对古典款式进行了完美的复刻，制作出了项链，并在伊特鲁里亚和希腊风格的朴素框架内使用珐琅、浮雕或微型马赛克为其增色。这也引起了人们对亚述和埃及艺术的考古再发现。

　　沃尔特·斯科特的浪漫主义文学小说点燃了人们对中世纪的兴趣，这种兴趣在哥特风格的简洁珠宝中得到了体现，这些珠宝

意大利微型马赛克金饰，1830 年
私人收藏

弗朗索瓦·热拉尔
约瑟芬身着加冕礼服，局部细节，1807 年
枫丹白露城堡国家博物馆

用不透明的釉料、凸圆形宝石和珍珠装饰。19 世纪金匠创造的折中主义不仅从古代珠宝中汲取了创造力，还从大型国际展览和殖民征服所带来的异域文化中汲取了创造力。从 1830 年开始，女性穿上了紧身胸衣和宽大的裙摆，腰部被僵硬地束缚着，这是对中世纪和文艺复兴风格的一种新的诠释。这一时期浪漫的自然主义时尚潮流激发了"花果风格"的浮雕和珊瑚吊坠的灵感，人们从西西里岛的夏卡矿床采购大量价格低廉的珊瑚，制成了由小花瓣、花朵、果实甚至昆虫组成的小花束。所谓的珍妮特项链也比比皆是，它由一条黑色天鹅绒丝带和一个十字架、心形或浮雕吊坠组成。

从 19 世纪末到 20 世纪初，技术的不断发展带来了新的珠宝制作工艺和材料。用于链条批量生产的机器获得了专利，而铸件和小型预制件的出现则使人们能够以低廉的价格制作出更加标准化的作品。首批从赛璐珞中提取的塑料材料问世，使得以最低成本大量生产各种形状的模型成为可能。第一批批量生产的黄金制品手册问世，扩大了珠宝首饰的销售和传播范围。1900 年，巴黎举办了世界博览会，展示了被称为"新艺术"的创新应用艺术风格。在巴黎博览会上展出的各种艺术作品中，珠宝首饰最受欢迎，当时的法国评论家一致认为，珠宝首饰正经历着一个激进的转型阶段。装饰品的价值不再与其材料的珍贵程度有关，而是与其风格的更新和设计工艺有关。项链采用更自由、更柔和的蜿蜒线条、圆润的花朵造型以及带有象征性和异国情调图案的吊坠，大多采用凸圆形宝石制作，颜色柔和，并采用了多色和半透明珐琅，如法贝热和莱俪的作品。而同时期富裕的精英阶层继续青睐白金或铂金镶钻石的优雅花卉纹样项链。其中，尤以精致的"花环风格"最为流行。由蝴蝶结和流苏组成的项链让人想起路易十六时期的蕾丝珠宝，这也是卡地亚作品的特色。20世纪初，数排珍贵宝石项链与环绕脖子的短项链组合尤为著名，被称为项圈项链。爱德华七世的妻子、英国王后亚历山德拉开创了这一时尚，据说

是为了遮掩脖子上的伤疤。这些项圈与精致的钻石网状项链和用小米珠制成的长项链相连，最后在胸前系上两个流苏。这两种风格一直流行到20世纪20年代。

威尔士王妃亚历山德拉佩戴项圈项链
1900 年初

雷内·莱俪
黄金珐琅项链，镶嵌欧泊和紫水晶，19 世纪末
© 美国大都会艺术博物馆 纽约

卡斯特拉尼
19 世纪初考古复兴风格的黄金造粒项链
镶嵌雕刻的圣甲虫
© 英国 V&A 博物馆 伦敦

雷内·莱俪
黄金吊坠，镶嵌欧泊，19 世纪末
私人收藏

卡地亚 为"美好年代"奥德罗打造的网格项链，铂金钻石，巴黎 1903 年

卡地亚资料库 © 卡地亚

从绚丽多彩的几何装饰图案
到好莱坞女明星的白色装束

穿着为塑造沙漏形身材设计的紧身衣和佩戴着奢华珠宝的极度女性化的"美好年代"女性，被选择象征自由的装饰品的女性所替代，后者留着短发，穿着宽松版型的服装，适应了第一次世界大战之后的社会变革所带来的实际情况。维克多·玛格丽特在她的小说《假小子》中对第一次世界大战后的女性描述得淋漓尽致：像路易丝·布鲁克一样的波波头，短裙，露出穿着丝袜的双腿。玻璃珠、珊瑚、青金石组成的长项链，与服装的简单线条相呼应，与僵硬的项圈项链形成鲜明对比。这是一位使用化妆品和香水的女性，她将自由解放与美丽结合在一起，努力塑造自己经济独立的形象。保罗·波瓦雷和可可·香奈儿等著名服装设计师重新设计

出大胆显露女性身型轮廓的、具有革命性的时装，并彻底改变了色调和面料。此外，可可·香奈儿还发明了非贵重的仿制珠宝和长长的人造珍珠项链，向世人展示了优雅并不是精英阶层的特权，而是任何敢于展现自我风格的个人的权利。

1925 年 5 月 16 日，在巴黎举行的国际现代装饰艺术和工业博览会上，一种全新的装饰主义风格诞生了，其特点就是拥有几何造型、大胆的色彩组合和对称性的装饰。1907 年获得专利的人造树脂等新材料被用来制作符合对称、实用的平面设计新原则，以及立体主义和未来主义前卫风格的功能性极简首饰。巴黎著名珠宝商如卡地亚、宝诗龙、梦宝兴、梵克雅宝等从全新的女性形象

装饰艺术风格项链
铂金、缟玛瑙、翡翠和钻石
约 1927 年

梦宝兴，铂金装饰艺术风格长项链
钻石、祖母绿、红宝石、蓝宝石、缟玛瑙
约 1927 年

布里奇曼图片社

摇摆女郎佩戴装饰艺术风格珠宝

莫娜·洛伊佩戴装饰艺术风格珠宝
20 世纪 30 年代初

私人收藏

中汲取灵感，用缟玛瑙和水晶制作出多样的长款镂空项链，配以造型大胆、方正的精致吊坠，或者饰以垂至腰线以下的穗饰和流苏，再配以雕刻件祖母绿和棱纹玉石的长项链，让人联想起印度风和中国风，而这正是整个装饰风格时期的灵感源泉。

也加入了这一行列，其特点是将钻石和无色宝石镶嵌在铂金、白金、银上，有时也用钢、铝和镍等廉价金属。在最流行的美国电影中，镶嵌着方形切工钻石的华美项链被大肆炫耀，好莱坞的女明星们在出席时尚活动时也会在紧身的白色绸缎礼服上佩戴这种项链。受"好莱坞梦"的影响，数以百万计的女性都想模仿女明星的妆容、时装和发型，当然也想模仿佩戴她们的珠宝。为了满足日益增长的需求，仿制珠宝业蓬勃发展，人们用极其廉价的材料制作出精美绝伦的作品。尽管"白金风潮"取得了巨大成功，但镶嵌彩色宝石的项链仍在继续制作，例如卡地亚在 1936 年为欧美上流社会的代表人物黛西·费罗斯夫人设计了一款流传百世的项链。这款令人惊叹的项链镶嵌了价值不菲的雕刻祖母绿、蓝宝石和红宝石，后成为卡地亚著名的水果锦囊珠宝系列中的典范之作。当时的高珠风格很快被制作服装珠宝的公司效仿，而超现实主义的前卫风格则激发了其他时装设计师的灵感，例如艾尔莎·夏帕瑞丽，她设计了具有喻示性的、戏剧性的装饰品来搭配她的服装，旨在引起反响和共鸣。

1937 年黛西·费罗斯佩戴卡地亚 "印度风格" 项链

装饰风格的影响一直持续到 20 世纪 30 年代，不过在 1929 年巴黎珠宝首饰博览会之后，新的"白金风潮"（或称"白色时尚"）

从 "新造型" 到雕塑项链

　　1947 年，战后法国时装界的新星——巴尔曼、纪梵希、巴黎世家以及克里斯汀·迪奥纷纷推出了华美典雅的礼服，其特点是具有抹胸大裙摆。在经历了六年因战争造成的匮乏而被迫沉寂之后，色彩和高级面料重新回归时尚。珠宝也受到了这种振奋人心的影响，涌现了色彩鲜艳的项链，由海蓝宝、黄水晶、紫水晶、珊瑚、绿松石和珍珠母贝组成的万花筒，柔软地缠绕在多股扭结形项链上。有质感的形状与新款时装的领口相得益彰，并为西装和鸡尾酒会礼裙增添活力。20 世纪 50 年代的一个显著特点，就是对珠宝作为高级定制时装的配饰，进行了广泛的宣传推广。日装珠宝和晚装珠宝被明确区分开来，这种区分早在 18 世纪就已确立。与20 世纪 30 年代流行的黑白单色背道而驰，黄金项链成为日装的宠儿。经过抛光处理的项链闪闪发光，并以灵动服帖的形式缠绕在脖子上，当时非常流行"蛇形"或煤气管项链，它们由相同的环扣连接而成。

　　那些买不起昂贵珠宝的人选择了人造珠宝，美国在人造珠宝领域发挥了决定性的作用，展现了极其巨大的创造力和天赋。在法国，时尚首饰被称为"梦幻饰品"或"高级定制饰品"，这并不是巧合，这表明它能够适应各种时尚风格、环境、季节……以及具有高性价比。高品质的时尚配饰在美国大受欢迎，以至于成为女明星和美国富豪的首选，他们将其提升到官方装饰品的地位。1953 年，在艾森豪威尔总统的就职典礼上，

佩吉·古根海姆的珍珠母贝项链，约 1950 年
私人收藏

他的夫人玛米·日内瓦佩戴了一条人造珍珠项链，这是由移居美国的意大利珠宝制造商特里法里设计和制造的，他的座右铭就是"从办公桌到黄昏时刻，首饰无处不在"。赫金·约瑟夫被称为"星星的金匠"，他制作了夺人眼球的项链，例如费雯丽在电影《乱世佳人》中佩戴的项链，伊丽莎白·泰勒在电影《克利奥帕特拉》中佩戴的项链，艾娃·加德纳在电影《爱神艳史》中佩戴的项链。20 世纪中叶，许多艺术家尝试设计和制作首饰，亚历山大·考尔德就是其中之一。他用黄铜和铜线制作的"可移动珠宝"为 20 世纪 60—70 年代兴盛的实验性艺术家珠宝奠定了基础。

佩吉·古根海姆在威尼斯佩戴珍珠母贝项链

20 世纪 60 年代末之前，社会的稳定和富裕因年轻一代意识形态的挑战而发生了根本性的变化，这一状态持续了十年时间。人们避免徒劳的奢侈，对资产阶级浮华的否定引发了剧烈的改变，时尚、艺术和人体装饰品的表达方式也由此焕然一新。夹杂、融合和拼贴是制作吊坠和项链的一些不同的实验性技术。塑料、有机玻璃、纺织纤维、纸张、木材、铝材，所有鲜艳的色彩和几何形状，都成为一些珠宝作品出其不意的特点。当时的艺术实验，从波普艺术到光学艺术，都对流行的配饰和首饰产生了影响，它们偏爱黑白组合、同心几何设计和三维效果。《太空漫游》或《太空英雄芭芭丽娜》等史诗般的科幻电影所激发的灵感，使 20 世纪 60 年代末最时尚的设计师们设计出了具有未来主义风格的金属项圈。帕科·拉巴纳从中世纪大衣中汲取灵感，设计了一款金属网项链，像织物一样垂挂在身上，将珠宝变成了裙装。他与卡丹和库雷格一起，开始了高级定制珠宝的生产，并成功地将装饰品"民主化"，使其价格亲民，缩小了精英与普通人、艺术与工业、单件与批量生产之间的差距。在随后的十几年中，珠宝设计又有了新的发展，设计师将设计的语言表达和创新的制作工艺放在了首位。新思想在短时间内同步发展，其中一些在各个方面都具有颠覆性，而另一些则对传统风格进行了创新性的诠释：对珠宝的重要性、艺术背景和见证时代的能力形成的多种体验。荷兰设计师艾米·范·勒瑟姆和她的丈夫吉斯·巴克是 20

世纪 70 年代北欧珠宝界的领军人物，他们是当代珠宝的先驱。他们注重装饰品的理念价值，探索珠宝与身体之间的关系，对欧洲和美国的珠宝理念产生了重大影响。他们用铝、纸和塑料制作了不同寻常的、具有亲和力的项链，旨在与身体互动，成为"佩戴的雕塑"。这也是他们于 1967 年在伦敦举办展览的主题。

在千禧年的转折点上，一种朴素的极简主义引领了对新材料的研究。最短暂和最惊艳的实验之一是当代荷兰流派如内尔·林森

阿莱西奥·博斯基
"法兰西玫瑰"黄金项链，颤抖花工艺，镶嵌无烧尖晶石、粉红蓝宝石、帕拉伊巴碧玺、海蓝宝、黄钻

设计的那些纸质装饰品，他否定了贵重材料是制作珠宝的唯一选择。在他看来，与其他创作实验一样，设计和创作中的无形元素才是重中之重。一如密斯凡德罗所说，"少即是多"的时代已经到来。在当今的高级珠宝中，不拘一格的创作者们从过去的建筑结构、令人惊奇的自然细节、浓郁的文化特质中寻找灵感，善用鲜亮的外观、精致的细节和多功能来塑造珠宝。享誉东西方的珠宝艺术家阿莱西奥·博斯基，其独特金匠技艺的杰作就是最好的范例，他的作品向玛丽·安托瓦内特等历史人物致敬，他创作的珠宝可以在不同场合以不同方式佩戴，其隐藏的细节将佩戴者带入童话和回顾历史的沉浸之旅。中国从 20 世纪末开始对天然钻石珠宝推崇，一批有设计和技术能力的钻石品牌应运而生，如中国的星光达集团。如今，珠宝、雕塑、前卫首饰、行为艺术和时装之间的界限不断被打破传统限制的艺术家们拓展和重新定义。

ALLOVE "源远鎏长"高定项链
灵感来自希腊神话中的香雪兰与水仙
18K 金、钻石

项链佩戴的
造型示范

最适合你的项链

　　项链是珠宝中的皇后，它能让一件衣服或者整体形象变得与众不同，甚至点亮一个夜晚，或让你感觉自己独一无二，宛如女王。项链是男士最喜欢赠送的珠宝礼物，因为项链不像戒指那么正式和具有约束力，比手镯和耳环更贴心，它系在了心爱人的颈部，充满了美好的喻义。项链的选择应根据佩戴者脸型、颈部线条、身体轮廓和穿衣风格来决定，这样才能突出佩戴者自身的优点，减少不完美之处。项链的核心部分通常会是一个椭圆形，称为"肖像区"，这个区域与佩戴者的脸型大小（从头顶到下巴下方）相当。因此，要仔细观察佩戴者的脸型！

　　对于圆脸、长方形脸或脖子较粗的人来说，最好选择向下延伸的长项链或超长项链，如套头链或者套索链，即长度在 60 厘米以上的项链。这些项链也适合胸围较小的女性，但不太适合胸围较大或身材娇小的女性。身形比较结实的女性应选择中等长度的项链，也称公主链，即长度在 35 至 40 厘米之间，或马提尼链，即长度在 45 至 50 厘米之间，要避免佩戴锁骨链。另一方面，如果你有幸拥有高挑纤细的身形和天鹅颈，那么可以选择短颈链或锁骨链，甚至两者组合佩戴。

针对圆领或者船形衣领

对于圆领或船形领服装，可选择短款或中长款项链，单独佩戴或与一对简单的珍珠耳钉搭配成套，营造出淡淡的优雅和精致，让人想起 20 世纪 60 年代的偶像，如杰奎琳·肯尼迪和格蕾丝·凯利。

"Rivières 星河" 钻石项链拥有流芳百世的经典设计，散发着珍贵的光芒，既适合搭配长款宴会裙，也适合搭配日常的牛仔裤和 T 恤。在宽大的圆领连衣裙和毛衣上，可以选择多串缠绕在一起的扭结形项链或镶有醒目吊坠的项链。

直径大于 10 毫米的中型或超大型珍珠项链是日间造型的完美选择，与晚礼服搭配也无可挑剔。裸露肌肤佩戴珍珠能增强珍珠的魅力，凸显珍珠的天然色泽和亮丽光泽。将珍珠佩戴在衣服外面时，应避免闪亮的彩虹色面料、蕾丝和透明面料的衣服，因为这些材料会让珍珠失去光彩。相反，应选择纯色连衣裙或者衬衣，颜色要么与珍珠完美搭配，要么形成鲜明对比。如今，市场上的养殖珍珠和仿制珍珠种类繁多，品质各异，从小米珠到特大珍珠，从深浅不一的大溪地黑珍珠到巴洛克风格的客旭小珍珠，养殖珍珠和仿制珍珠的价格各不相同，这意味着每个人都能找到适合自己的珍珠。

V 领或露肩装

当穿 V 领或露肩装时，可选择中心有大吊坠的项链，其搭配灵感来自 16 世纪的风格，或者是能突出肩部线条的自由女神造型，也可选择 20 世纪 60 年代流行的渐变色项链，或选择独特的扭结形项链。需要注意的是，彩色项链不要搭配过于艳丽繁复的吊坠耳环。环绕颈部的金或银多股项圈绝对是一种具有挑战性的装饰品，但却非常风雅别致，适合搭配裸露肩部的半身裙。这种项链也是英国王后亚历山德拉的最爱，单独佩戴就非常有气质，当然在特别隆重的场合，可以再搭配一条手链或一枚戒指。

细长脖子或者圆脖子

　　如果穿高领或圆领衣服，可以选择80厘米长甚至更长的套头式长项链，或是其他相同效果的项链，如20世纪初流行的长项链，没有固定搭扣，缠绕在脖子上，流苏末端可以自由悬挂、打结或用胸针固定。

　　搭配深色高领毛衣时，多股香奈儿式链条是最优雅的选择，它能为服装增添亮色和魅力，而且无须佩戴任何其他珠宝。另一方面，如果配上长吊灯耳环，就能突出身体轮廓的线条感，打造出20世纪20年代的摇摆女郎风格。

　　反之，如果你同意奥斯卡·王尔德提倡的"没有什么比超量更成功"，那就冒险一试吧！两条，或者三条！将多条项链组合在一起，以践行"多多益善"的理念！但要注意的是，在保持首饰与服装色彩和谐的前提下，才能将不同材质的项链混搭在一起。或者佩戴几条相同材质的项链，比如珍珠、木头、塑料，大小和长度各不相同。还可以尝试以不同寻常的方式佩戴项链，比如胸围较大的女性可将项链作为肩带，或者打结成腰带，或者在穿抹胸连衣裙时佩戴在裸露的背部。

吊坠（挂件）

　　项链配以彩色珐琅吊坠、标志性金币吊坠、镶嵌宝石的吊坠或镂空工艺的黄金吊坠，这种珠宝用途广泛，可以在各种不同的场合搭配你的服饰及提升气质。

　　无论是挂在长长的金链上，还是黑色丝绒缎带上，无论是点缀在精致的淡水珍珠上，还是串在皮绳上，项链都会呈现多样的魅力。正是这种兼容性使吊坠成为最受欢迎、最畅销的珠宝种类之一。

　　对生性浪漫的人而言，最好将深色系的吊坠挂在颈部处，这会是非常时尚的选择。将时尚的吊坠串在短项链下，既能点缀普通毛衣的领口，又能搭配优雅的连衣裙。如果将吊坠镶嵌在一条摇摆的长链子上，则可以修饰胸型，使简单的高领毛衣更显高雅。多条链子配上多个长短不一的吊坠，无论白天还是晚上都能给人留下深刻印象。

戒指

"不戴戒指我感觉好似没穿衣服。"
——英国诗人伊迪丝 · 席特维尔

（写于 1959 年）

黄金和青金石圣甲虫印章戒指
正面和背面刻有法老的名字图特莫斯三世和哈特谢普苏特
埃及 公元前 15 世纪
© 美国大都会艺术博物馆 纽约

从环状铜戒到帝王印章

　　在所有珠宝中，戒指是最令人回味的饰物。环绕在手指上的圆形无始无终，是完美形状的象征，是永恒的标志。它代表着不朽的结合，是历史的见证、记忆的碎片、情感的连接和人际关系的守护者。

　　佩戴戒指可以象征尊严、权力、联盟和宗教信仰。它也是爱情的信物，是婚姻纽带的印记。它是神奇力量的集中体现，辟邪的宝石是代表疗愈和保护美德的象征。通常，对符号、材料或宝石的选择是戒指功能的标志，也讲述了戒指佩戴者的故事。

　　与其他珠宝一样，戒指的风格也随着每个历史时期流行的服饰和时尚而演变。这些风格往往是特定时期艺术家的艺术创作与购买者个人品味相结合的产物。金银、珐琅、宝石和珍珠等贵重材料历来是历史上制作戒指使用最多的材料，但其他非贵重材料，如铁、木材、塑料，甚至一些回收材料，多年来也在不同式样的戒指中占有一席之地。甚至戒指的佩戴方式、位置以及戴戒指的手指，都能体现特殊的时尚或时代特征。

　　从公元前 3000 年出现的简单、古朴的环状铜戒开始，戒指就具有了权威性和特权、美德以及无形的象征性，以至于多年来，戒指一直作为权力者地位的标志，显示他们拥有的独一无二的特权。圣甲虫是太阳神凯布利的象征，最初人们将它穿孔并串在绳子上作为移动印章，但在公元前 2500 年，它被装饰在金属丝上并套在手指上。这标志着个人印章的诞生。个人印章由石头制成，一面

黄金硬石圣甲虫印章戒指，埃及第 18 王朝
公元前 1479—公元前 1458 年
© 美国大都会艺术博物馆 纽约

黄金雕刻的迈锡尼印章，希腊蒂林托
公元前 15 世纪
雅典国家考古博物馆

雕刻成圣甲虫的形状，另一面刻有铭文和符号，是拥有者的"签名"，用于签署文件、证明文件的真实性和标记商品。

随后印章戒指伴随着古代地中海文明而演变：从迈锡尼的黄金印章，椭圆形且刻有精致的图案，到公元前 8—公元前 7 世纪两端圆弧的椭圆形腓尼基印章。印章戒指不仅是我们所知的最古老的戒指类型，也是存世时间最长的戒指类型，其形状和图案元素不断变化，并以印有贵族家族徽章或纹章的骑士戒指的形式延续至今。

在古希腊文明时期，戒指的比例适中，装饰素雅。金、银或青铜制成的戒圈上方有一个椭圆形的小圈，通常镶嵌一个雕刻人物形象的宝石，描绘了神灵、神话或有象征性的动物，和宏伟的绘画及雕塑艺术一样刻画出了具象特征。伊特鲁里亚人在红玉髓上保留了他们最喜欢的圣甲虫，有时宝石可在金属戒圈中翻动。古代意大利人的奢华品味体现在精美的雕刻质量和丰富的镶嵌工艺上，有时镶嵌的宝石形状像狮子或蛇头，这些图案也装饰在同一时代的骨灰盒上。希腊人和埃及人将宝石雕刻艺术传给了古罗马的工匠，他们博采众长的艺术方法取得了无与伦比的成就，他们用各种形状和不同装饰为戒指注入了生命力。椭圆形或圆形黄金戒圈镶嵌以红玉髓、黑玛瑙、光滑或雕刻的玻璃条为特色的宝石戒指占据了主导地位。人们对宝石雕刻戒指的巨大热情源于罗马时代，当时人们开始收集宝石，许多著名的雕刻家也开始涉足宝石雕刻艺术。浮雕和雕刻宝石成为权威和特权的象征，从公元前 2 世纪起，佩戴戒指的权利就成为区分自由公民和奴隶的标志。然而，戒指也被视为个人信奉的装饰，例如那些作为护身符佩戴的戒指，据说可以保护佩戴者。戒指上面刻有头像或吉祥寓意的图案，如辟邪的眼睛、圣甲虫、蛇、狮子，与伊特鲁里亚人早期的习俗是一致

伊特鲁里亚黄金戒指
玛瑙上刻有莱昂宁头像
公元前 5 世纪
© 英国大英博物馆 伦敦

黄金印章戒指
玛瑙上刻有公牛形象，希腊
公元前 400 年
© 美国保罗盖蒂博物馆 洛杉矶

黄金印章戒指，玛瑙上雕刻了一头狮子与小神贝斯的斗争，希腊公元前 6 世纪末
© 美国保罗盖蒂博物馆 洛杉矶

罗马帝国黄金浮雕戒指
用讽刺手法描绘的潘神，公元前 1 世纪
© 艺术档案 普蒂奇尼拍摄

拜占庭黄金和乌银印章戒指，戒面刻着
"庇佑上帝的恩赐"，公元 10 世纪
© 美国大都会艺术博物馆 纽约

希腊风格的黄金印章戒指
椭圆形玛瑙雕刻件
© 美国大都会艺术博物馆 纽约

黄金印章戒指，玛瑙上雕刻有提比略的肖像
公元前 1 世纪
© 美国大都会艺术博物馆 纽约

十字架黄金戒指，镶嵌玻璃条和珍珠
公元 5 世纪
© 美国大都会艺术博物馆 纽约

的。戒指上镶嵌的宝石往往刻有拥有者崇尚的图徽，如恺撒大帝佩戴的是其祖先维纳斯的形象，奥古斯都则使用狮身人面像，这是母性的象征，后来用亚历山大的肖像代替，最后又用他自己的肖像代替。黄金参议员戒指具有特殊意义，最初分配给那些有行使职责的人，后来由所有公职人员佩戴，作为对他们服务的奖励和认可的标志。

在奥古斯都时代，人们在左手的不同手指上佩戴多达三枚戒指。后来，每个手指上都戴戒指成为一种时尚，甚至戴在关节上，

令手指难以活动。罗马人在睡觉、上厕所或参加宴会时，会把戒指放在特殊的象牙盒子里，这种盒子当时被称为"关节硬盒"，这也是当代珠宝盒的前身。

在希腊化后期和罗马时期，雕刻宝石的戒指与蛇形或绳结状缠绕在手指上的其他戒指同时出现，这些戒指两端饰有蛇头和女神半身像。罗马人的戒指形状像小钥匙，是一种独特而奇特的装饰品，它集打开棺材和封存文件的功能于一身。

刻有铭文的罗马钥匙金戒，公元 4 世纪
© 美国大都会艺术博物馆 纽约

黄金蛇戒指，罗马公元 1 世纪
© 英国 V&A 博物馆 伦敦

罗吉尔·范德韦登，弗朗切斯科·德·埃斯特
1460 年所作
© 美国大都会艺术博物馆 纽约

主教戒指、魔力宝石戒和赎罪铭文戒

在基督教时代的最初几个世纪，黄金主教戒指作为宗教权威的象征被引入，佩戴在右手的无名指上，为人们祈福并被认为比戴在左手更具威力。也许是直接继承了朱庇特·卡皮托利努斯罗马神父使用戒指的宗教信仰，像元老院参议员那样被赋予了佩戴黄金戒指的权利，签名戒指成为主教和教会之间神秘联结的象征，也是教会至高无上的标志。事实上，在中世纪，人们在所有的神圣仪式上都会在手套上佩戴大号的主教戒指。当基督教成为拜占庭社会的主导宗教时，它的戒指也反映了宗教的象征意义。鱼、鸽子、十字架和神圣的无花果表达了一种新的基调，突显其宝石、玻璃嵌条、大马士香和乌银，以祈求神对佩戴者的保护。拜占庭黄金新娘戒指上錾刻有基督、圣母和圣徒的图案，以保护戒指佩戴者的配偶。在野蛮时代，类似的装饰仍然很流行，但更注重多色玻璃嵌条和釉料的色彩渲染。

在中世纪，宗教、科学和魔法相互交织，戒指成为信仰和力量的象征，也是一种护身符和避邪符。古希腊和古罗马关于宝石魔法特性的条约被翻译出来后，在中世纪的珠宝商中重新启用，说明哪种宝石适合用于哪种用途。在这些信仰的基础上，产生了大量的民俗和小说主题，据说英国亨利三世的宝藏中有一枚戒指，戴着它上战场的人将所向披靡。在赛事、新年、劳动节或其他仪式日，人们会赠送刻有吉祥字样的戒指作为礼物，王公贵族和统治者也会向他们的继承人或继任者赠送戒指，作为代表法律和财产的证明。13 世纪到 15 世纪期间，镶嵌抛光凸圆形的蓝宝石、红宝石和尖晶石的戒指非常流行，这在当时的雕刻和绘画作品中均有体

黄金珐琅戒指
镶嵌尖顶钻石，15 世纪
国家藏品 德国德累斯顿

黄金珐琅戒指
11 世纪德国制作
© 美国大都会艺术博物馆 纽约

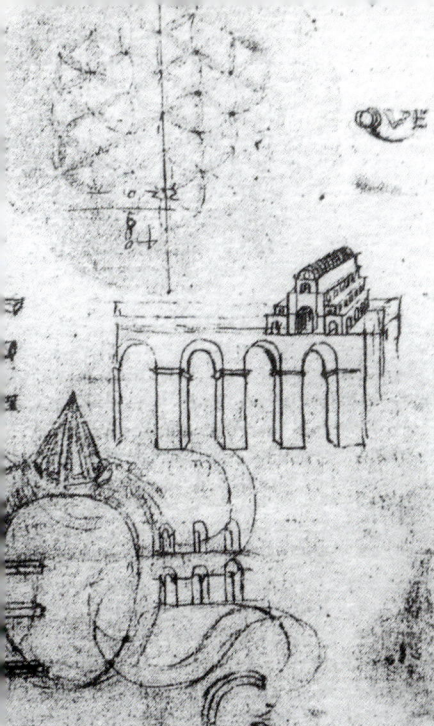

达·芬奇钻石尖戒指的草图
《大西洋法典》第 309 页

拉斐尔·桑齐奥，于 1511—1512 年所作
朱利叶斯二世肖像，局部
© 英国国家美术馆 伦敦

现。16 世纪初，莱昂纳多·达·芬奇重新设计了美第奇家族的族徽，这是一枚简单的金字塔形钻石戒指，被称为"美第奇戒指"。在《大西洋法典》中的成千上万幅草图中，可以找到这枚尖顶钻石戒指的草图，就位于第 309 页右侧。美第奇戒指突出了 16 世纪最珍贵的戒指中使用到的四边金字塔形钻石，这在文艺复兴时期的许多肖像画中都能找到佐证。

在中世纪晚期，戒指的装饰形式发生了变化，并影响了整个文艺复兴时期。在这一时期，宝石广受欢迎，财富的增加促进了戒指作为豪华装饰品的回归。教会和当权者试图通过颁布具体的《服饰法》来阻止这种无耻的炫富行为，这些法律规定了与佩戴者的社会地位相关的装饰品使用规则。然而，这些限制遭到了广泛的蔑视，王公贵族的每个手指上仍然戴着戒指，还叠戴戒指，甚至戴到指关节上。即便是教皇也是戒指的拥趸者，16 世纪初教皇朱利叶斯二世在拉斐尔·桑齐奥的著名肖像画中，佩戴了不少于 6 枚镶有宝石的戒指。宝石因其神奇能量而被人们佩戴，并与它们被赋予的特定意义有关。正如马可·安东尼奥·阿尔蒂埃里在 1500 年的文本中声称的那样：蓝宝石和红宝石的组合是"心灵相连"的象征性礼物。15 世纪至 16 世纪期间，戒指一直扮演着虔诚的角色。戒指上雕刻的圣人形象拥有守护意义，可以有效地安抚朝圣者和虔诚信徒遭遇突然死亡的担忧。其中一些被称为"十年"的带有信仰含义的戒指，可用作微型念珠，因为它们有十个或十三个隆起的块状，与"万福玛利亚"的诵经相对应，而中心部分的图腾则相当于符咒。

"十年"黄金戒指，英国 1500 年
© 英国 V&A 博物馆 伦敦

婚礼和订婚戒指

在古罗马，交换戒指是缔结婚姻的标志。戒指戴在左手的第四个手指上，因为这是静脉血液流经的手指，静脉直接与心脏相连。结婚戒指象征着夫妻之间的相互信任，在此之前，许多世纪以来，订婚双方都会交换一枚铁戒指，以示承诺。这一传统被基督教所采用，并一直流传到现代，见证了这一象征意义的力量，它历经了两千年不同文明和习俗的洗礼，经久不衰。

在中世纪，戒指也伴随着人生的重要时刻，事实上，它被认为是忠诚和爱的誓言。根据蛮族法律，普罗奴布戒指的赠送象征着婚姻的承诺，这些戒指上装饰着暗示婚姻组带的词语。在文艺复兴时期，没有区分订婚戒指和结婚戒指。任何带有宝石或吉祥铭文如"始终团结"或"不想要其他"的戒指都可以在正式仪式上送给应许的新娘，因为教会的祝福被认为具有约束力。从 15 世纪到 17 世纪，"诗歌戒指"在英国和法国非常受欢迎。这些简单的环形金戒指上刻有吉祥语、浪漫格言和简短的诗文，表达了友谊、忠诚和浓厚的爱意。它们有的用拉丁文书写，但更惯用的是用诺曼法文书写，后来才用英文书写。最常见的是罗马诗人维吉尔的诗句"爱胜过一切"或"上帝团结的人不得分裂"。这些诗文通常刻在戒指的戒壁内，取自爱情故事，或者灵感来自文学作品中的名句。例如莎士比亚的《威尼斯商人》，其中聂丽莎送给格拉兹安的戒指上刻有"爱我就永不离开我"的字样，这是一句永恒的格言。

最早的钻石订婚戒指可以追溯到 1477 年，后来的哈布斯堡皇帝马克西米利安一世

名为"深度"的黄金组合结婚戒指，镶嵌钻石和红宝石，符合人体工程学
由俄罗斯科斯特罗马的珠宝商泽列宁制作

黄金戒指，镶嵌蓝色和紫色蓝宝石
英格兰 1250—1300 年
© 英国 V&A 博物馆 伦敦

黄金珐琅镶嵌钻石，戒指由三个交织的环组成
上面刻有德文“我的开始和结束”
1600—1650 年
© 英国 V&A 博物馆 伦敦

黄金珐琅戒指
“双手握住信仰”造型，德国 1607 年
© 英国 V&A 博物馆 伦敦

金色“花束戒指”，刻有法文“想想我”
法国 1400—1450 年
© 英国 V&A 博物馆 伦敦

黄金戒指，镶嵌凸圆形蓝宝石
上面刻有“爱征服一切”文字
欧洲 1250—1300 年
© 英国 V&A 博物馆 伦敦

黄金珐琅戒指，镶嵌玫瑰切的心型钻石，英格兰 1706 年
© 英国 V&A 博物馆 伦敦

将一枚钻石戒指送给了勃艮第的玛丽公主。事实上，钻石比其他任何宝石都更能表达人们对获得永恒爱情的愿望，而圆形的无限性又加强了这种愿望。直到 16 世纪晚期，结婚戒指终于有了更多选择，任何类型的戒指都可以用作结婚戒指，佩戴在无名指上或左右手的拇指上。有一种特殊的戒指，也被称为“噱头环”，源自拉丁语中的“孪生兄弟”，看起来很普通，两个相互连接的戒圈外装饰有双手紧握宝石的图形，但这里有一个暗藏玄机的开口。这早在罗马时期就已经很流行了。从中世纪到 19 世纪，这种戒指一直被作为爱情信物相互赠送。手心相扣，共同握着一颗心，这是传统的爱情象征，代表着恋人之间的纽带。为了纪念佩戴者的婚姻，夫妻双方的名字和结婚日期通常会被刻在环形戒指的戒壁内，只有在脱下戒指时才能看到，这一习俗一直流传至今。在 18 世纪的法国，戒指仍然是最受喜爱的带有情感色彩的珠宝，婚戒上的示爱信息有时会以简写的形式出现，如“M Moi”表示“aime moi”（爱我），或“JM”表示“j'aime”（爱我）。如今，一些金匠会制作与结婚和订婚相匹配的戒指，并适应手部的关节结构，使形状符合人体工程学，佩戴时舒适并活动自由。

钻石订婚戒指

两千多年前，罗马博物学家和哲学家老普林尼写道："不仅在宝石中，甚至在全人类财产中，钻石都是最有价值的，而长期以来只有国王知道，并且只有极少数国王知道。"将近一千年后，波斯学者比鲁尼指出："钻石就像臣民中的国王。"这两位古代学者都一致赞扬了钻石的非凡特性：美丽、稀有、纯净、闪亮、耐用和坚硬。钻石的名字正是来源于它的硬度，源自希腊语"adamas"，意思是"不可战胜的""坚不可摧的"。凭借这些特质，钻石成为权力和财富的象征，那么代表永恒的爱情也就不足为奇了。

订婚戒指的历史始于 1215 年，当时的教皇英诺森三世规定在订婚和结婚仪式之间有一个"订婚"期。戒指被用来表示一对新人对彼此的承诺，同时戒指也被作为婚礼仪式的一部分。

"钻石恒久远，一颗永流传"这句箴言并不只是当代的营销噱头，而是早已诞生的理念。在西方国家，钻石戒指作为嫁妆和订婚印记的一部分已有许多世纪的历史。1652 年，剑桥大学作家托马斯·尼科尔斯在他的《宝石学》中写道，钻石是"纯真和坚贞的象征"。有记载的第一次出现钻石订婚戒指是在 1477 年，当时奥地利大公马克西米利安向勃艮第的玛丽求婚。那枚钻石戒指上的首字母"M"是用钻石半八面体的一半勾勒出来的。同年，另一对意大利贵族夫妇科斯坦佐·斯福尔扎和卡米拉·达拉贡纳用一枚钻石戒指庆祝了他们

科斯坦佐·斯福尔扎和卡米拉·达拉贡纳婚礼的
插图，描绘了被两个燃烧火炬托起的钻石戒指
梵蒂冈图书馆 罗马

波提切利《雅典娜与半人马仙托》（局部）
文艺复兴时期黄金钻石戒指，约 1483 年
乌菲齐美术馆 佛罗伦萨

的婚礼，证书上绘制了希腊婚礼之神希墨涅
俄斯的形象，身着绣有钻石戒指和火焰的长
袍，上面写着"两份意志、两颗心、两份激
情以钻石为纽带缔结婚姻"。

在不同的博物馆藏品中，还可以找到 15
世纪和 16 世纪其他类似钻戒。它们之间有
着相似的结构：用黄金条包镶着金字塔形钻
石，钻石尖朝向上方。这有一种象征性的喻
义，代表钻石坚不可摧的力量和抵抗攻击的
能力。这种类型的钻戒经常出现在 14 世纪晚
期的绘画作品中，与佛罗伦萨美第奇家族等
贵族家庭的传统有关，三重钻戒交织缠绕的
图案展现了可切割但不可分割的寓意。

文艺复兴时期钻石戒指，约 16 世纪

大约从 17 世纪开始，有更多证据表明钻戒与订婚和结婚有关。这不仅可以在嫁妆清单和遗嘱中发现，在塞万提斯或莫里哀的文学作品中也有见证。在这些作品中，新郎会购买一枚钻戒向新娘求婚。

文艺复兴时期，钻石被广泛使用，钻石切割师们尝试新的钻石切割方法，以减少钻石重量损失，并增加亮度。其中，点式切割是对八面体钻石晶体进行最简单的切割改良，而台式切割是将点式切割的点替换为平坦的水平切面。多切面钻石切割开始被使用，这增加了钻石的反射面，营造出闪闪发光的效果。随后钻石切割技术继续完备，实现了多面切割，也诞生了钻石的"玫瑰式切割"。

黄金戒指 镶嵌玫瑰切钻石，17 世纪初
© 英国大英博物馆 伦敦

玫瑰式切割的钻石没有亭部，背面的形状明显更扁平，这种形状的钻石表面有 3 到 24 个刻面，可以捕捉光线。光线透过玫瑰式切割钻石发出较为柔和的光芒，突出了钻石的艺术性和个性。

随着时间的推移，许多玫瑰式切割钻石经过改良，获得更闪亮的冠部。玫瑰式切割一直沿用到乔治时代和维多利亚时代。正是在维多利亚时代，订婚钻戒赢得了完美的浪漫含义，并开始在整个欧洲流行起来。

文艺复兴时期的点式切割钻石
可能是意大利威尼斯 16 世纪

黄金珐琅戒指
镶嵌金字塔形钻石
© 英国大英博物馆 受托人

台式切钻石戒指
匿名约 1500—1600 年
© 荷兰国立博物馆 阿姆斯特丹

镶嵌七颗台式切钻石的戒指
英格兰 17 世纪

文艺复兴时期黄金钻石戒指
1500 年初
© 美国大都会艺术博物馆 纽约

格鲁吉亚玫瑰切钻石戒指，约 1820 年
私人收藏

维多利亚玫瑰式切钻石订婚戒指，约 1850 年
私人收藏

比例切割钻石的数学公式，他有机会切割出具有58个引人注目的刻面的圆形钻石，比任何其他类型的切割都多。正是由于这个原因，圆形切割钻石，也被称为圆形明亮式切钻石，反射光线非常好，是市场上最受欢迎的钻石，尤其是订婚戒指。随着时间的流逝，由于技术的进步，托尔科夫斯基的配方被计算机技术进一步完善，几乎不浪费钻石原石，并实现宝石的完美对称，成为20世纪的标准。如今，几乎所有钻石都采用相同的标准圆形明亮式切割设计，在钻石的上部，即"冠部"，有1个台面刻面、8个风筝刻面、8个星形刻面和16个上腰刻面，共计33个刻面。 在钻石的下半部分，即"亭

当珠宝行业开始追逐宝石所能提供的最璀璨的光芒时，玫瑰式切工就退居其次了。钻石明亮式切割占据了主导地位。20世纪初，宝石切割技术的创新彻底改变了订婚戒指的外观。1902年，著名的荷兰钻石切割师约瑟夫·阿舍尔推出了他的著名切割钻石——正方八角形钻石，又称阿斯切钻石。正方形阶梯式切工，四角做了切角，中心图案对称，展现闪烁光影。八角形象征着无限，是情侣向彼此承诺无限爱情的理想寓意，因此是订婚戒指的必备款式。这种切割方式没有锋利的边缘，因此不易断裂。此外，钻石看起来显大。阿斯切钻石琢型在20世纪20年代迅速流行起来，其独特的几何形状、直线、重复和精准的角度体现了装饰艺术风格，也印证了这一时期时装和珠宝的简洁和优雅。

1919年，马塞尔·托尔科夫斯基发表了他的论文《钻石设计：钻石中光的反射和折射研究》。托尔科夫斯基主要创造了一个按

白金阿斯切钻石订婚戒指，约 1920 年
私人收藏

伊丽莎白·泰勒的阿斯切钻石订婚戒指
33.19 克拉 1968 年
私人收藏

戴比尔斯 明亮式切圆形钻石戒指
5.01 克拉 H 色 SI1
私人收藏

部"，有 16 个下腰刻面、8 个亭部主刻面和 1 个底面。底面变成了一个尖点，亭部的斜垫面更长更窄。如果亭部在底部形成一个点，那么这颗钻石就没有底面。

在过去的几十年里，圆形理想切工的另一种改进是激情切工，它保持了其角度的基本比例，它有一个压缩的垂直轴，使其比圆形明亮式切工短，尽管它仍然保持相同的基本形状。激情切工将 8 个主刻面拆分，从而把 57 个刻面增加到 81 个。此切工旨在增强钻石亮度和净度。

中国深圳市完美爱钻石有限公司，拥有"ALLOVE"完美爱钻石品牌，是创新的 81 个刻面的"十心十箭"钻石的创造者，它消除了漏光，实现了最大的光反射效果，增强了钻石的光芒。火彩比圆形明亮式切工高出 50% 以上，重新定义了国际钻石行业标准。其作品被比利时 DIVA 钻石博物馆永久典藏。

第二次世界大战极大地改变了世界，20 世纪 30 年代全球钻石价格下跌，订婚戒指被视为奢侈品，很少使用钻石。1938 年，戴比尔斯收购了美国第一家广告公司 N.W. Ayer & Sons，以改变钻石在美国的

完美明亮式切圆形钻石戒指
私人收藏

ALLOVE 荣耀系列戒指，18K 金、钻石

形象。他们让好莱坞明星戴上钻石戒指，并在报刊上进行钻石象征浪漫的广告宣传。在二战后的 1947 年，订婚戒指的历史进程发生了改变，戴比尔斯公司创造了"钻石恒久远，一颗永流传"的广告语，开创了钻石消费的新时代，并巩固了钻石作为爱情纪念的理念。众所周知，钻石代表着永恒，它们向接受者传达了忠诚的信息，使其成为特殊订婚戒指的理想宝石。从 20 世纪至今，我们看到钻石戒指成为爱情的终极信物。

ALLOVE 馆藏·星耀皇冠系列戒指
18K 金、钻石

从文艺复兴时期的釉彩到 18 世纪精致的"小花园"

到了文艺复兴时期，随着品味和风格的变化，造型简单的中世纪戒指变成了带有刻纹、卷曲和彩色釉面的奢华戒指。宝石、红宝石、蓝宝石和祖母绿以及珐琅的色彩通过多层涂层得到了强化，正如本韦努托·切利尼在他的"珠宝制作艺术论"中所说的那样，錾刻、冶炼和珐琅涂层是最著名的工艺。珠宝商们擅长制作黄金戒指：威尼斯的里亚尔托出现了一条"戒指街"，随后佛罗伦萨和巴黎也出现了制作金戒指的热潮。金匠们受到希腊和罗马珠宝的启发，例如 16 世纪流传的许多印刷品中的奇美图像，提供了可供后人复制参考的装饰图案和类型。其中包括 1561 年印刷的由皮埃尔·沃伊里奥绘制的大量珠宝艺术图画集 *Livre d'aneaux*

d'orfevrerie 以及 16 世纪法国艺术家雷内·博伊万的雕刻作品。在文艺复兴时期，时尚变得更加精致，男女都可以戴戒指。意大利的戒指精致细腻，而北欧的戒指则较为厚重，通常为圆形或椭圆形，有时也有长方形，佩戴在手指关节处。1530 年编制的一份英格兰亨利八世的珠宝清单中列出了 234 枚戒指，这些戒指都是他每天引以为傲的佩戴之物。

文艺复兴时期再度流行雕刻宝石，人们对它的高度重视在伊丽莎白一世统治时期得到了真正的体现。同一时期，伦敦开设了专门从事宝石雕刻的珠宝作坊，女王下令将 50 多枚有女王肖像的宝石浮雕镶嵌在戒指上，作为外交礼物送给王公贵族。对于英国人来说，佩戴王室肖像是受到王室恩宠、体现爱

名为"小花园"的金银戒指
镶嵌红宝石和钻石，英格兰 1730—1760 年
© 英国 V&A 博物馆 伦敦

国主义和忠诚的象征。戒指随即成为 18 世纪最流行的珠宝：精致而华美，符合当时崇尚自然主义风格的艺术理念和品味。其中，典型的有花束戒指或"小花园"戒指，它们再现了极为逼真的花篮或花束和叶子，精细的镂空工艺和漂亮的小宝石组合而成。它们大多产自意大利，与丝绸锦缎连衣裙的洛可可花朵完美搭配在一起。18 世纪，雕刻和釉彩人物装饰的戒指也很流行。这些作品大多描绘狂欢节面具或摩尔人的头像，以歌颂在整个欧洲非常流行的威尼斯节庆活动和充满活力的社交生活。

保罗·德拉霍夫
巴黎珠宝书中的有雕刻戒指图案 1600 年
© 英国 V&A 博物馆 伦敦

法国侯爵的金银钻石戒指
1770—1800 年

© 荷兰国立博物馆 阿姆斯特丹

黄金珐琅戒指
镶嵌红宝石和祖母绿，德国约 1550 年

© 美国大都会艺术博物馆 纽约

  另一种具有 18 世纪特色的戒指名为"榄
尖形风格"，其椭圆形镶座上镶嵌着一颗钻
石或密镶钻石，有时会延伸至整个手指的长
度。玫瑰式切钻石的朦胧光彩通过金银的衬
托突显出来，这代表了 18 世纪最后 25 年的
独特戒指风格，尤其是在法国，人们越来越
倾向于摒弃有色宝石。

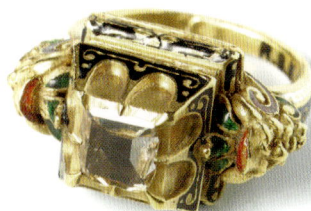

黄金珐琅戒指
镶有方形钻石，约 1500—1600 年

© 荷兰国立博物馆 阿姆斯特丹

黄金肖像戒指，绘珐琅，约 1780 年

© 荷兰国立博物馆 阿姆斯特丹

黄金珐琅戒指，镶嵌红宝石、祖母绿
和钻石，威尼斯约 1700 年

© 英国 V&A 博物馆 伦敦

贝雕金戒指
意大利 1830 年
© 英国 V&A 博物馆 伦敦

维多利亚时代的黄金珐琅戒指
镶嵌钻石，英国 1800 年末
私人收藏

古董钻石绿松石圣甲虫戒指
欧洲 1850—1880 年
© 英国 V&A 博物馆 伦敦

从新古典主义的硬石雕刻到旅行纪念品

银戒，刻有法国大革命人物马拉
和佩莱蒂埃头像，法国 1793 年
© 英国 V&A 博物馆 伦敦

　　法国大革命摧毁了大部分法国皇室珠宝，遗失了那些独特的文献证据，从而带来了一种挑战奢华概念的新时尚。用充满象征意义的金属取代黄金和宝石，如红铜镶有三位大革命中的人物肖像，钢或铁制成的宪法徽章，甚至是镶有巴士底监狱石块碎片的戒指。随着新古典主义风格的兴起，宝石雕刻，尤其是浮雕，重新回到了人们的视线中。意大利凹版雕刻的古老传统有了更便宜的替代品，如英国生产商比尔斯通的釉料和乔赛亚·韦奇伍德自 1770 年以来制作的陶石，以蓝色背景上的白色轮廓浮雕为特征。这些陶石受到了人们的青睐，并立即被法国塞夫勒和德国迈森的产品所仿制。

　　拿破仑时代的风格受罗马帝国古典风格的启发，镶有雕刻宝石和古董浮雕的戒指颇受关注。约瑟芬皇后从法国皇家珠宝收藏馆古董柜中挑选了最精美的古典雕刻件，要求制作黄金、钻石和珐琅的浮雕珠宝。受 19 世纪考古发现的影响，珠宝的时尚灵感与人们对古埃及艺术和神话的迷恋密切相关，由此制作出了用黄金和钻石打造的圣甲虫形宝石戒指。将古代文物改造成适合新古典主义镶嵌工艺的能力是许多珠宝商致胜的关键，如罗马的卡斯特拉尼工坊，该工坊在伦敦和巴黎开设了店铺，赢得了讲英语的客人群体青睐。这一时期也是微马赛克的发展鼎盛时期，微马赛克是用数以百计的微小玻璃块（每平方厘米多达 1500 块）和精致的色彩制作而成的。最受欢迎的主题是古罗马遗迹、庞贝壁画装饰、花卉、鸟类和其他动物。为套件和戒指定制的微型马赛克全部在

黄金戒指，镶嵌欧泊
英格兰约 1880 年
© 英国 V&A 博物馆 伦敦

陶石浮雕的银戒指
英格兰 1700 年底
© 英国 V&A 博物馆 伦敦

欧洲新文艺复兴风格的黄金珐琅
戒指，镶嵌钻石 ，1850 年
© 英国 V&A 博物馆 伦敦

旅行纪念礼品银戒，镶有"鹿齿"，
德国 1800—1830 年
© 英国 V&A 博物馆 伦敦

绘珐琅微型人像的黄金戒指
英格兰 1840 年
© 英国 V&A 博物馆 伦敦

新古典主义黄金戒指，红玉髓浮雕
19 世纪早期
私人收藏

维多利亚黄金戒指
镶嵌钻石和红宝石
1800 年底
私人收藏

意大利完成，然后在巴黎和伦敦的金匠作坊里进行镶嵌，在欧洲风靡一时直到 1870 年。

除了古典主义的复兴，18 世纪的戒指还受到其他风格的启发。除了中世纪、凯尔特和文艺复兴时期的灵感，还有东方韵味和象征永恒的蛇咬尾缠绕手指，以及更浪漫的自然主义花朵、树叶和蝴蝶。作为意大利壮游礼品出售的戒指包括了用维苏威火山熔岩石、贝壳和那不勒斯最受欢迎的珊瑚雕刻制作的浮雕戒指，以及来自瑞士阿尔卑斯山或德国度假胜地（如施韦比施格明德）的戒指。这是德国南部的一个小镇，在 19 世纪中期成为流行银饰品和用"鹿齿"制作的纪念品的生产中心，"鹿齿"在 19 世纪中期被阿尔卑斯山脉地区视为珍贵礼品。

微型马赛克黄金戒指，描绘了罗马广场
的景色，制作于 19 世纪初
私人收藏

悼念戒指

　　戒指一直被视作佩戴者的纪念品。在整个中世纪和文艺复兴时期，戒指都是对死亡不可避免的一种提醒，以头骨、骷髅和骨头的形式表达了对死亡的纪念（拉丁语"记住你将死去"），每天都在提醒佩戴者为自己的宿命做好准备。结婚戒指上的纪念和爱情铭文往往与"死亡纪念"的图腾相结合，因为庄严的婚姻誓言与永恒有关，"至死不渝"和人类离开世界的时刻都被视为人生的一种仪式，婚姻世俗且短暂的本质与永恒相对立。17世纪末，震动欧洲的战争和革命鼓励人们将刻有逝去爱人姓名和死亡日期的戒指作为礼物赠送。人们在葬礼上分发印有逝去亲人肖像的釉彩微型画，以永远纪念逝去的亲人。在18世纪末的英国，有钱人通常会留下一笔遗产，用来购买纪念戒指，赠送给逝者的朋友和家人。悼念戒指和其他遗产珠宝一样，从17世纪末一直流行到19世纪末。简单的悼念戒指上饰有黑色珐琅和刻有死者的姓名、年龄和死亡日期等字母和数字。精致新颖的悼念戒指上则用象牙或用釉彩描绘出骨灰盒、垂柳、身着传统服饰女孩的轮廓，有时还在玻璃盖下保留了逝者的头发。

三个釉彩哀悼戒指
水晶翻盖下有头发，英格兰18世纪末
© 英国 V&A 博物馆 伦敦

交织的圆环黄金珐琅戒指，悼念的标志性印记
德国 1631 年

© 美国大都会艺术博物馆 纽约

黄金珐琅悼念戒指，骷髅四周镶嵌红宝石
背面有珐琅涂层的玫瑰花，1550—1575 年

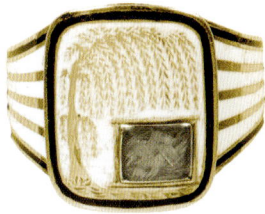

© 英国 V&A 博物馆 伦敦

白色珐琅黄金戒指，玻璃盖内藏有头发，
旨在纪念诗人安娜·苏厄德，英格兰 1809 年

© 英国 V&A 博物馆 伦敦

黄金珐琅悼念戒指，英格兰 1806 年

© 英国 V&A 博物馆 伦敦

三色堇黄金珐琅戒指，刻有铭文"想想你的朋
友"，法国 1819—1838 年

© 英国 V&A 博物馆 伦敦

黄金珐琅的悼念戒指，玻璃盖内有一缕头发
英国约 1810 年

© 英国 V&A 博物馆 伦敦

黄金珐琅的悼念戒指，镶嵌紫水晶，中心彩绘墓
地骨灰盒图案，英格兰 1827 年

© 英国 V&A 博物馆 伦敦

黄金戒指，镶有小米珠，椭圆戒面上用彩绘
描绘了爱的祭坛上献祭，欧洲约 1785 年

© 英国 V&A 博物馆 伦敦

从新艺术运动的蜿蜒线条到凿点金工镶嵌

阿奇博尔德·诺克斯
为 Liberty & Co. 制作的黄金和钻石戒指
英格兰 1905 年
私人收藏

　　20 世纪初，三种珠宝潮流并存：以乳白色宝石和空窗珐琅为代表的自由创新的新艺术潮流、以华丽钻戒为代表的高级珠宝潮流和以精湛工艺为代表的独特创作潮流。19 世纪的最后 10 年，工艺美术运动开始重新考虑应用艺术的作用，以应对 19 世纪末出现的工业化产品所引发的品位下降。这导致了对手工艺人形象的重新定位，以及对其设计所使用的创造性技术的大量关注。手工制作的金属戒指、色彩柔和的凸圆形乳白宝石、充满韵律感的自然主义和中世纪装饰主题，都是这一运动的标志。

　　英国企业家阿瑟拉·森比·利伯蒂是工艺美术风格的第一位倡导者，他于 1899 年推出了"辛里克"系列银饰。20 世纪初，该系列在国际博览会上一经展出，即受到热烈追捧，"自由"这个名字也因此与新艺术花卉风格联系在一起，尤其是在意大利。在为自由而工作并技艺精湛的设计师中，阿奇博尔德·诺克斯对"自由"风格的定义做出了巨大贡献，他设计的凯尔特交织戒指优雅大方，技术精湛，易于复制。

　　自由主义或新艺术运动以其柔和圆润、感性细腻的线条，在珠宝制作工艺中刮起了一股变革之风。自由主义戒指的灵感来源于自然题材，这些题材以蜿蜒柔美的形式呈现，选用了柔和半透明的空窗珐琅工艺。玻璃、珍珠母贝和欧泊等非贵重材料成为这一

吕西安·盖拉德 新艺术风格的珐琅戒指 镶嵌祖母绿，约 1900 年

私人收藏

雷内·莱俪 新艺术风格的珐琅黄金戒指 镶嵌珍珠，法国约 1900 年

私人收藏

雷内·莱俪 新艺术风格的珐琅戒指 镶嵌绿松石，约 1900 年

私人收藏

雷内·莱俪 新艺术风格的珐琅戒指 镶嵌蓝宝石，约 1900 年

私人收藏

时期珠宝的特色，巴黎艺术家兼金匠雷内·莱俪的作品就是其中的代表，体现了那个时代典型的审美眼光和高水平的工艺。

与此同时，镶嵌珍珠和钻石的白色主题成为这一时期传统戒指制作的首选。1886年，蒂芙尼为单颗钻石设计了一种特殊的底座，由 6 个简单的白金或铂金夹爪镶嵌钻石，让光线透过夹爪，突出了钻石的亮度。如今，"蒂芙尼镶嵌"已成为世界各地镶嵌钻石戒指的经典款式。在两次世界大战之间，装饰风格影响了戒指的制作，戒指设计变得对称和线性，采用了几何形切割宝石和大胆的色彩对比。对印度和中国文化的热情，激发了装饰风格更倾向于使用雕刻成叶

子和花朵图案的祖母绿、蓝宝石和红宝石，与钻石相结合，创造出具有明显东方韵味的戒指，以及选用玉石和珊瑚，并用钻石环绕镶嵌或加入黑缟玛瑙的装饰带。

1924 年，卡地亚推出了"Trinity"戒指。三枚戒圈缱绻缠绕，有玫瑰金、黄金和K 白金等多种材质，象征着友谊、忠诚和爱情，纪念恒久相伴。时至今日仍被仿制，激发了无数仿制品的灵感。

20 世纪 30 年代，最精致的戒指以"全白"为主题，将钻石镶嵌在铂金或 K 白金底座上。与装饰派的几何形状相比，装饰图案变得更加圆润，并采用了不同的钻石琢型。最受欢迎的明亮式切割钻石与榄尖形切

割钻石和椭圆形切割钻石交替出现，并镶嵌成螺旋状、长条形带状和三维手柄状。同时出现了突出彩色宝石的大戒指，形状有圆形的涡轮、柔和的扇形或蜿蜒起伏形，创造出与装饰艺术传统设计不一样的特点。

1933 年，梵克雅宝创造了一种特殊的隐形宝石镶嵌方式，被称为隐秘镶嵌法。在这种款式的戒指中，将红宝石、祖母绿或蓝宝石等宝石无缝连续拼接在一起，少见的三维立体，完全隐去了金属。在随后的几十年里，这种工艺也被时装首饰模仿，但其效果和品质却无法与始创者相提并论。艾尔莎·夏帕瑞丽和香奈儿女士提出了时装首饰与贵重珠宝的优雅混搭理念，并取得了大胆而非传统的效果，她们说："佩戴珠宝不是为了让你看起来富有，而是为了给你带来优雅的气质……这不是一回事！"

装饰艺术风格的铂金戒指
镶有钻石和雕刻红宝石，约 1925 年
私人收藏

蒂芙尼铂金戒指
有钻石和红宝石，1930 年
私人收藏

卡地亚为爱德华·F.赫顿制作的戒指
铂金镶嵌珊瑚、缟玛瑙和钻石，纽约 1933 年
卡地亚典藏 © 卡地亚，尼尔斯·赫尔曼拍摄

蒂芙尼
黄金钻石和红宝石戒指
1945 年

卡地亚黄金铂金戒指
镶有钻石和红宝石，巴黎 1946 年
卡地亚典藏 © 卡地亚 玛丽安·杰拉德拍摄

铂金钻石戒指，红宝石隐秘镶嵌工艺
1935 年
私人收藏

白金双戒指
镶有钻石和红宝石，法国约 1925 年
私人收藏

白金鸡尾酒戒指
蓝宝石隐秘镶嵌工艺，约 1940 年
私人收藏

铂金鸡尾酒戒指
镶有白钻和黄钻，约 1940 年
私人收藏

20 世纪初爱德华时期的铂金钻石戒指
私人收藏

装饰艺术的铂金戒指
镶有蓝宝石和钻石，制作于 1920—1930 年
私人收藏

冰块变身"手指雕塑"

"冰块"铂金钻石戒指，1940 年

　　20 世纪 40 年代到 60 年代，铂金在晚间珠宝中继续流行，而明亮闪耀的黄金戒指重回白天珠宝。最受欢迎的是"鸡尾酒戒指"，这种戒指个大、有炫耀感，通过圆形和嵌入式的瓜形体现黄金的迷人优雅，或者饱满的金属曲线里密钉镶钻石。海瑞·温斯顿或保罗·弗拉托为好莱坞明星设计的戒指，采用几何琢型宝石，超凡脱俗的尺寸配上方正的造型，因此被昵称为"冰块"。

　　在高级珠宝界掀起这股潮流的同时，时尚珠宝也应对市场需求做出反应，决定用廉价材料营造奢华氛围。富尔科·迪维杜拉制作了价格更低廉、但仍令人印象深刻的原创半宝石戒指，他们既制作自己的作品，也为香奈儿等品牌制作。斯堪的纳维亚国家出现了一种新的风格：它的灵感来自新的抽象形式，并使用银元素进行创作。这些银元素被简单地敲打和扭曲，或者融合成简约、几何或曲线形状，有时还用明亮的珐琅增强效果。它在整个欧洲和美国传播开来，是 20 世纪 60 年代和 70 年代珠宝界实验首饰的雏型。

　　从 20 世纪 60 年代开始，真正的创新席卷了整个珠宝界，这是当时的艺术家和工匠们渴望尝试的结果。它向传统的金匠艺术发起了真正的挑战，是对经典珠宝的内在价值和身份象征概念的反击。这种批判态度导致了对装饰品的不同看法，并开始使用一些较为廉价的新材料。这些新作品探索了珠宝与雕塑、服装与行为艺术、装饰品与身体之间的边界感。当代风格不屑于千篇一律，而是从后现代主义固有的不同形状和功能的多重参照中汲取灵感。正如利奥塔在《后现代的条件》（Condition posdtmoderne）一书中所说，我们正在经历"叙事的最终章节"。

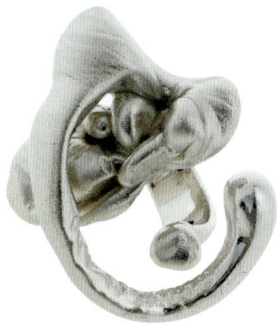

名为"飞溅"的银戒指
芭芭拉·乌德佐设计，2000 年
塞尔吉奥·马拉博利摄影

阿莱西奥·博斯基
"帝国紫色牡丹"戒指，银、玫瑰金、祖母绿、
白色和黄色钻石、紫色和粉色蓝宝石、帕拉伊巴
碧玺、石英石、黄水晶、珍珠

阿莱西奥·博斯基
"热带泡沫"戒指，白金、钻石、帕拉伊巴碧玺

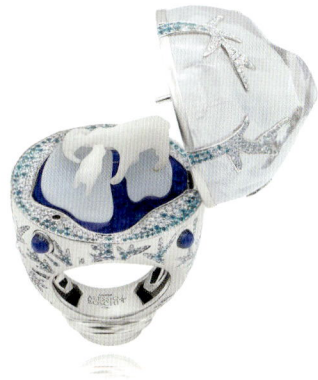

阿莱西奥·博斯基
"融化的北极圈"艺术戒指，回收黄金、钻石、
帕拉伊巴碧玺、白色托帕石、植物象牙（塔瓜）

　　今天，我们看到的是更加清晰的多元装饰形式，正如利奥塔所定义的"语言粒子"那样，它们在一个意义和价值不断变化的星系中倍增和扩张。这些作品风格多元，无论是珍贵材料还是非珍贵材料，都为戒指注入了有意义的形式和深刻的美学特征。这些作品促使我们解读当下的诸多层面，传达基本的价值观，如关注存在的生态问题，用风趣和对社会的批判性认识来表达这些价值观。在名为"融化的北极圈"的作品中，设计师

阿莱西奥·博斯基用帕拉伊巴碧玺和钻石呈现了美丽的北极，他巧妙地用石英石打造了一个高耸的冰盖，冰盖打开后，发现北极熊一家生活在开裂的冰块上。该戒指的设计旨在强调我们的生态系统岌岌可危，并强调每个人都有责任应对全球变暖和环境危机。从最初缠绕在手指上的简单金属环，到当代充满趣味性、雕塑感和挑战性的作品，戒指为制作者和佩戴者打开了无尽的想象空间。

戒指佩戴的
造型示范

戴多少？如何戴？

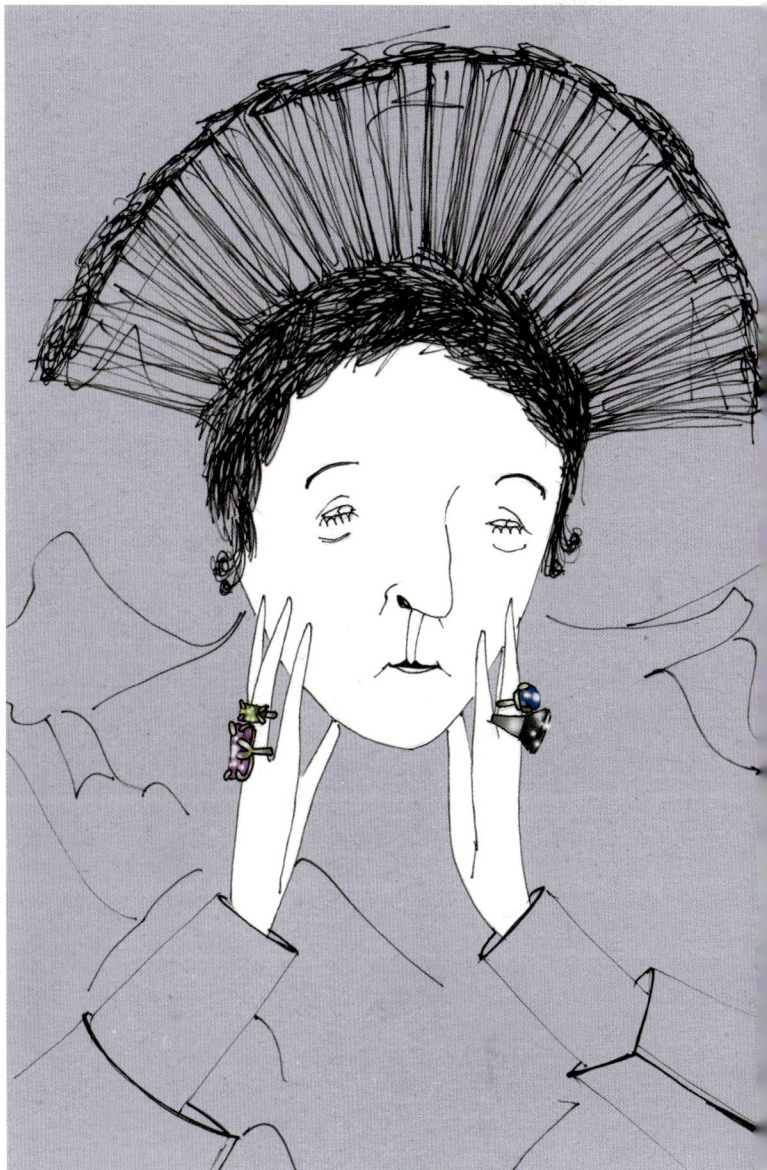

　　我个人不建议在每只手上佩戴超过两根手指的戒指，最好是无名指和小指，或者是中指和无名指。最优雅的选择是少佩戴几个戒指，甚至是双手只各戴一个，但要选择特别、不寻常的戒指。您甚至可以将一枚戒指戴在大拇指上，以彰显个性张扬的气质。密钉镶钻石或大克拉彩色宝石的大戒指或夸张的戒指，只需单独佩戴。如果将单颗钻石与其他彩色宝石搭配在一起，则会给人更新颖、更优雅的印象。

　　将不同款式和不同颜色的戒指混搭在一起是有风险的，可能会显得杂乱而俗气，除非你像诗人伊迪丝·西特维尔一样古怪，她的双手都戴满了戒指，这也是她的标志。将贵重、炫目的鸡尾酒戒指和时装戒指混搭在一起，与您的造型风格和整体色调相得益彰，也是一种乐趣。或者尝试将一系列非常纤细的戒指与颜色相近的彩色宝石组合在一起，形成一个明亮的戒环，完全覆盖手指。如果佩戴艳丽的手镯，不要在同一只手上佩戴艳丽的戒指，而应选择另一只手。选择宝石颜色与衣服颜色相同的戒指，或者是能形成优雅对照的戒指：例如，红宝石或祖母绿配蓝色衣服！

　　让我看看您的手，我就知道您是谁！戒指公开表达了"我们"的身份，无论是订婚还是结婚，是矜持还是奢华，是多愁善感还是热情奔放。历史已经提示，戒指有许多不同的佩戴方式，传达出许多不同的象征寓意。17世纪，结婚戒指戴在大拇指上，而不是无名指上；19世纪，骑士戒指戴在小指上。在20世纪60年代，每只手戴一枚戒指很酷，戴在无名指或小指上，从不戴在其他手指上，这也包括结婚戒指和订婚戒指！因此，基于"手是自我介绍时使用的第一件工具"这一理念，请谨慎选择戒指，并以一种能给人留下深刻印象的方式佩戴它们！

手指的和谐

　　每个人的手型与所选戒指的大小和贵重程度之间的关系非常重要。总结出一份简短的指南，帮助您选择最适合自己手型的戒指。纤长的手比短胖的手更适合佩戴华丽的戒指。宽版戒指或在同一根手指上戴几枚戒指会使手指显得更短，就像在所有手指上都戴戒指会使手显得更宽一样。相反，不对称或对角线镶嵌的戒指会令手指视觉上显得更长。如果您的手指纤细修长，您可以大胆地在所有手指上都戴上戒指，玩转不同的形状，只需选择相似的材质和色调，就可打造出一种高级定制的效果。如果您的手非常小，最好选择形状均衡的小型戒指。

　　最后一个建议是：夏天，如果您的戒指勒得您的手指像香肠一样，那就买大一号的戒指；冬天，则选择小一号的细窄戒指。

恰当的位置

选择将戒指戴在哪根手指上非常重要，也具有象征意义。将戒指戴在无名指上向来象征着婚姻或感情的纽带，那些具有浪漫又保守个性的人将不可避免地偏爱传统。将戒指戴在食指上可以显示出心智更加坚定的性格，而将戒指戴在中指上则象征着平衡和稳定。戴在小指或拇指上的戒指则表现出更有创造力、果断和不拘一格的性格。如今，刻有佩戴者姓名首字母或纹章的骑士戒指，往往被戴在左手的小指上，尽管传统的珠宝礼仪要求戴在右手上。

订婚戒指的佩戴方式

　　从前，订婚戒指是女性唯一拥有的珠宝。即使这在今天已不复存在，但仍然值得精心挑选。订婚戒指仍然是爱情的象征，是一份古老而传统的礼物，代表着感情的力量和延续。从文艺复兴时期开始，钻石就一直是两个人之间情感纽带的象征。它坚不可摧、纯洁无暇，是永恒的感情与承诺的象征。无论您的消费能力如何，最好还是选择质量上乘的宝石戒指，而不是仅以"大"尺寸为目标。在选择戒指时，宝石的4C标准和工艺的精细程度作为考量的首要因素。有时，订婚戒指的款式和设计会与佩戴者的结婚戒指相匹配。如果您想把结婚戒指和订婚戒指戴在同一根手指上，请先戴上结婚戒指，然后再戴上订婚戒指。结婚戒指代表了更郑重的约定，所以必须先戴上。将订婚戒指戴在左手的无名指上，以证明你们对爱情的承诺，并且不要再在同一根手指上戴其他戒指了。

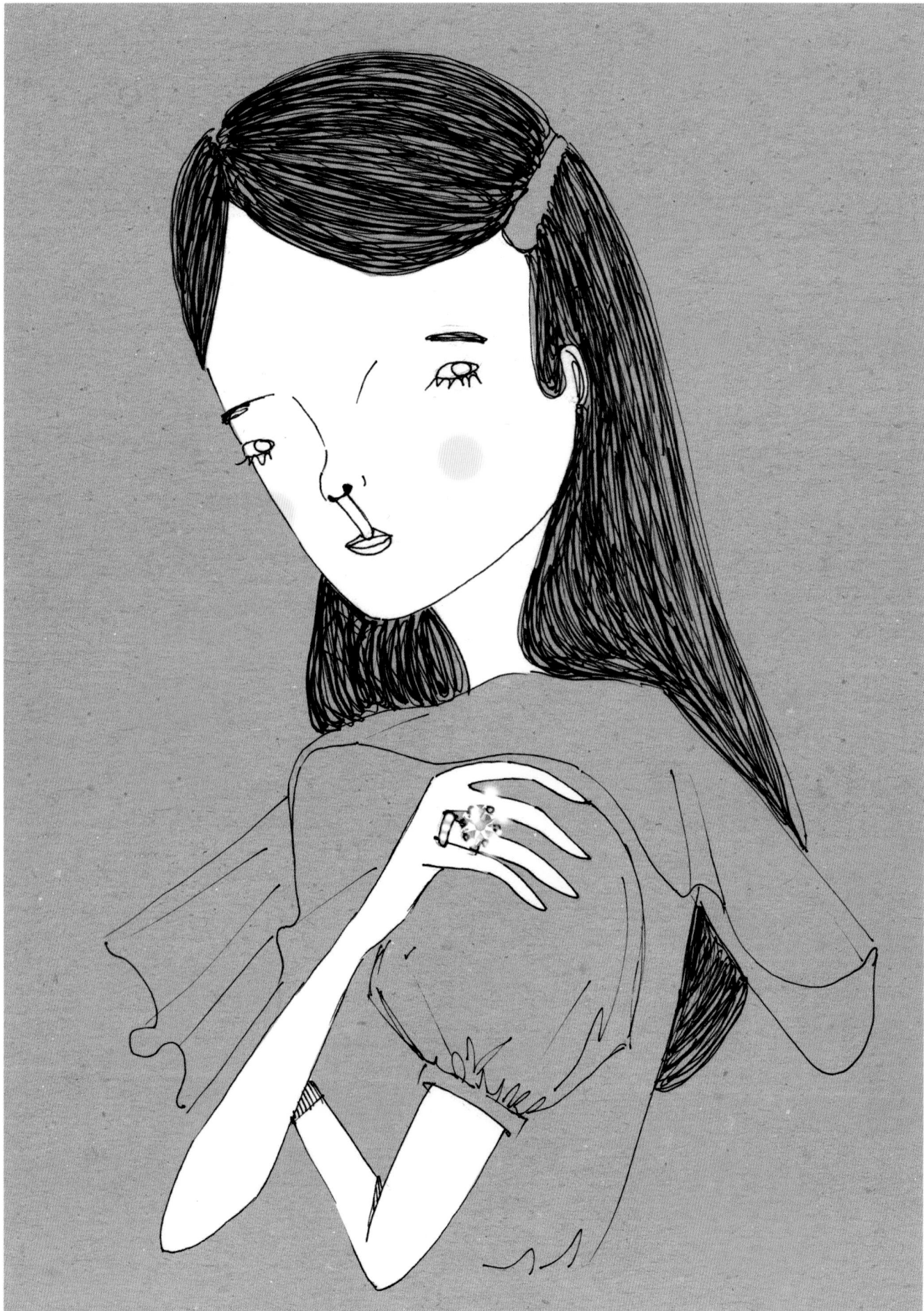

耳环

"你总能从一个男人赠予你的耳环看出他真正认为你是什么样的人。"

——奥黛丽 · 赫本

1961 年电影《蒂芙尼早餐》

护身符和力量的象征

当下，人们选择耳饰既用来修饰脸形，美化眼睛和头发，起到突出五官的作用，同时也满足追随时尚潮流和表达美的欲望。其实，耳饰的使用可以追溯到很久以前，它具有魔幻、迷信和祈福的意义，这与邪灵和疾病通过身体开孔口进入人体的传说有关。耳垂被认为是记忆和梦境的所在，穿耳洞的仪式就是为了辟邪。在 20 世纪之前，穿耳洞是佩戴耳环必不可少的行为，在传说中也被解释为一种承诺。对女孩来说，穿耳洞一直标志着成年仪式，标志着从一种社会地位向另一种社会地位的过渡。耳垂还象征性地与女性的性欲联系在一起，而耳朵的形状与胎儿的形状有关。对于男性也一样，只戴单边的耳饰具有暗示作用。君主和贵族佩戴耳环是特权和社会角色的象征，水手佩戴耳环是与大海融于一体的标志，旅行者佩戴耳环是为了避邪，威尼斯商人佩戴耳环是再现与土耳其人的约定，诗人和艺术家佩戴耳环表明叛逆和不拘一格。耳环与发型密切相关，当头部被面纱或头饰覆盖时，耳环就会消失，中世纪就出现过这样的情况。

在"普里阿摩斯宝藏"中找到的耳环
公元前 2200 年—公元前 1900 年
© 普希金国家艺术博物馆 莫斯科

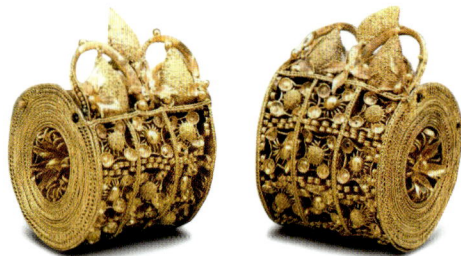

黄金耳环，造粒工艺，伊特鲁里亚公元前 6 世纪
© 美国达拉斯艺术博物馆

时装和服饰，形式与款式，社会功能，对奢品的炫耀和对禁欲法的否定等交替出现，也影响珠宝首饰的盛衰。在意大利阿尔卑斯山发现的距今 5000 年的木乃伊厄齐（Ötzi）的右耳垂上有一个洞，这表明早在铜器时代，男性就已经佩戴耳环了。那时简单的扭曲圆环被认为是有魔力的。无论这种说法是否属实，可以肯定的是，黄金耳环有着悠久的历史，在很长的时间里得到过广泛的使用。在公元前 2000 年的苏美尔时期乌尔统治者的陪葬品中，发现了用黄金片制成的新月形耳环，新月和太阳是苏美尔人最喜爱的两个标志。其后，其他发展出独特风格的古代文明中，也可以发现苏美尔金匠技术的痕迹。例如，在希腊特洛伊的"普里阿摩斯宝藏"中发现的带有长形垂坠的精致耳环，其年代可追溯到公元前 2200—公元前 1900 年。

黄金狮子头耳环，伊特鲁里亚
公元前 4 世纪—公元前 3 世纪
© 英国 V&A 博物馆 伦敦

埃及王朝将耳环升级到特定标志的地位，赋予它保护和装饰身体的作用。选用黄金以及那些具有神圣和永恒象征意义的特定宝石，如青金石、绿松石、红玉髓，耳环也因为强大的护身符特性而成为陪葬品。公元前 1300 年图坦卡门的宝藏中保存了多件令人印象深刻的黄金耳环，上面镶嵌着景泰蓝石英、方解石和五彩辉石，描绘了猎鹰的翅膀和鸭头，并刻有代表永恒含义的象形文字。法老的图像显示出他的耳朵上有深孔，这表明这些珠宝是男人

墓葬中苏美尔女王舒巴德佩戴的
黄金月牙形耳环，公元前 2000 年
© 美国宾夕法尼亚博物馆 费城

黄金圆盘耳环，累丝和造粒工艺
伊特鲁里亚公元前 6 世纪
© 美国大都会艺术博物馆 纽约

黄金船形耳环，累丝造粒工艺，希腊一塔兰托制作，公元前 5 世纪
© 塔兰托考古博物馆

罗马人拨浪鼓式黄金耳环，镶嵌珍珠、祖母绿和蓝宝石，罗马公元 1—4 世纪
© 英国 V&A 博物馆 伦敦

的惯用装饰品，是权力和尊严的象征，具有神奇的功能。越接近古典希腊时代，越多的地中海地区通过贸易由东向西转移技术和款式。伊特鲁里亚人从公元前 7 世纪末开始采用腓尼基人使用的累丝工艺来装饰耳环，复杂的造粒技术充满着令人惊叹的想象力，采用锦簇式或树干式的金箔工艺，用浮雕呈现神话人物，将新的艺术表现形式与黄金耳环的象征意义结合起来。

尽管当时的禁奢法限制人们炫耀珠宝，但罗马帝国仍拥有种类繁多、特别精致华美的耳环，这些耳环镶嵌着来自遥远国度的宝石和大颗悬垂的珍珠，一经问世便成为时尚。在奥古斯都时代，耳环的美感主要通过珍珠来体现，同时还有彩色宝石、红宝石、凸圆形蓝宝石、祖母绿、未加工的托帕石、玻璃和琥珀。镶嵌一颗大珍珠的耳环是最令人垂涎向往的款式。那时许多著名作家曾写文章表达他们反对浪费大量金钱购买珠宝，并呼吁节制。奥维德在《爱的艺术》中写道："不要用昂贵的宝石装饰你的耳朵，我们识别出这是你用奢华制造的迷惑。"塞内加在《益处》一书中指出："有人并不局限于每只耳环上镶嵌一颗大珍珠，而是镶嵌成对的珍珠，甚至一颗连着一颗。"塞内加在这里点名的很可能就是"拨浪鼓"耳环，之所以称为"拨浪鼓"耳环，是因为悬挂的珍珠相互碰撞时会发出叮叮当当的声音。这种耳环形状简单，长短不一，饰有宝石或琥珀，焊接在一个 S 形的挂钩上，这种形状只有罗马金匠才会使用，希腊金匠则不会使用。有时在金属上还装饰有金珠，似乎是在模仿复杂而又昂贵的希腊和伊德鲁里亚人的造粒工艺。

黄金耳环，累丝造粒工艺，希腊一塔兰托制作
公元前 1 世纪
© 英国 V&A 博物馆 伦敦

中世纪耳环的消失
和 16 世纪耳环的复兴

黄金耳环，镶嵌珍贵宝石，拜占庭时期
公元 7 世纪
© 沃尔特斯艺术博物馆

西奥多拉皇后头像的马赛克壁画，拉文纳圣维塔莱大教堂，公元 6 世纪

耳环在中世纪消失后，直到文艺复兴时期，社会的蓬勃发展以及发型的变化趋势促使其全面回归。文艺复兴早期的耳环非常简单，由宝石和珐琅，以及一颗水滴形的珍珠组成，却是很受追捧的明星款式。贸易和艺术活动带来的日渐繁荣，让人们重拾优雅精致的着装乐趣。珠宝的象征意义淡化了，而社交仪式感和娱乐感增强了。从 16 世纪开始，耳环变得更大更闪，有单颗珍珠，也有簇拥成圈的珍珠，耳环上还装饰着小蝴蝶结或镶嵌着彩色宝石，形状奇特不规则，与其他珠宝融为一体成为套系，这也预示着巴洛克珠宝风格的到来。当时的流行趋势促使男性佩戴夸张的耳环，法国国王亨利三世在一些肖像画中佩戴着巨大的水滴形珍珠耳环。这种习俗还流传到英国伊丽莎白一世的宫廷

伦巴第黄金珐琅耳环，公元 7 世纪
那不勒斯国家考古博物馆

® 艺术档案 普蒂奇尼拍摄

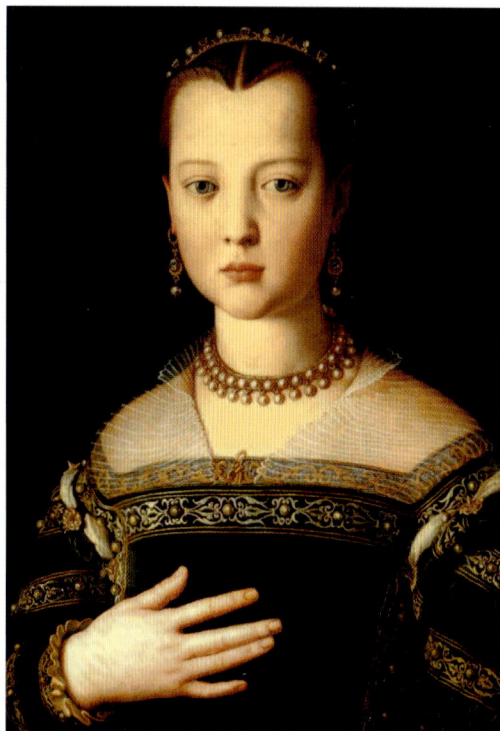

阿尼奥洛·布隆齐诺，玛丽亚·德·美第奇的肖像
1551 年

乌菲齐美术馆 佛罗伦萨

中；沃尔特·雷利爵士、弗朗西斯·德雷克和
莎士比亚等人都经常佩戴镶有一颗水滴形珍
珠的环状耳环。

伊丽莎白一世女王本人也很喜欢这种风
格，她经常佩戴细长形的珍珠耳环或一对镶
嵌水滴形宝石的耳环。17 世纪，人们对珍珠
的偏好与对花卉的嗜好相辅相成。受郁金香
和异国植物栽培的启发，欧洲的精英贵族们
开始绘制花朵、树叶和花环，并将其作为服
饰和首饰的装饰品。耳环也追随着"郁金香
热"的步伐，成为花朵造型的珠宝。当时还
有一种不寻常的、非传统的时尚，就是将丝
绳绑在一个简单的耳圈上，再加上小吊坠，
一直垂到肩上。

弗朗索瓦·德·克鲁埃，亨利三世，1581 年

尚蒂伊城堡孔代博物馆 巴黎

安东·拉斐尔·蒙斯，帕尔马的玛丽亚·路易莎，局部
约 1765 年

西班牙普拉多国家博物馆 马德里

法国宫廷和水晶吊灯的
装饰时尚

17 世纪路易十四为统治下的法国带来了
新风。女士们头发自然束起，小卷发柔顺地
垂落在肩颈部，衬托出脸部轮廓，特别适合
亮丽的装饰品来点缀。那时钻石耳环成为人
们的最爱，这与当时钻石在其他品类中的盛
行是一致的。16 世纪中期，法国诞生了一种
新的钻石切割法，由当时推崇雕刻艺术的红
衣主教朱尔斯·马扎林授权开发，共有 34 个
刻面，被称为双多面形琢型 / 马扎林琢型切
割。几年后，来自威尼斯的钻石切割师文森
佐·佩鲁齐对其进行了完善，将其制作成了由
58 个刻面近乎正方形的形状。在 17 世纪，甚
至在 18 世纪，这些创新的切割方式随着时间
的推移而不断变化，直至演变成现代钻石的
各种琢型，它们见证了钻石的成功，也注定
了它的永恒。钻石珠宝成为华丽夜宴上的珠
宝之选：在淡淡的烛光下钻石耳环散发出夺

马丁·范·梅滕斯，玛丽克莉丝汀大公夫人，1765 年

© 奥地利美泉宫 维也纳

阿诺德·卢尔斯绘制的一对枝形吊灯耳环
英格兰 1585—1640 年
® 英国 V&A 博物馆 伦敦

枝形吊灯耳环，金银镶嵌托帕石
荷兰 1600 年下半年
© 英国 V&A 博物馆 伦敦

目的光芒。不可否认在珠宝的历史上，人们相信能工巧匠能捕捉到金属或者宝石折射掠过的光线，并衬托出脸庞。

　　17 世纪晚期肖像画中的耳环由两层或三层组成，奢华艳丽的金属结构里镶嵌着钻石、红宝石、祖母绿和托帕石。绚丽的三重垂坠中，通过装饰性的蝴蝶结或绳结悬挂着位于中心的大吊坠，这种吊坠被称为枝形吊灯耳环，很快成为当时最受欢迎的款式。它的名字来源于 18 世纪装饰着切割水晶烛台的吊灯，在路易十四和路易十五统治时期略有变化，最终在路易十六统治时期流行起罗盖尔花卉图案的风格。枝形吊灯耳环是欧洲所有宫廷里的宠儿，其彩色宝石的色调都是为了迎合不同地区的口味：在西班牙，祖母绿最受欢迎；在葡萄牙，托帕石独占鳌头；在英国，色调柔和的宝石备受青睐。个大又重的烛台耳环迫使女士们想出各种办法来减轻负担，例如在耳洞后方垫上丝绵，以更有效地支撑沉重的珠宝。在其他情况下，为了托起耳饰的重量，人们还使用了 2 个孔圈，并系上丝带然后在发型上打结。

枝形吊灯耳环，银镶嵌托帕石
葡萄牙约 1770 年
图片由 S.J.飞利浦斯公司提供 伦敦

枝形吊灯耳环，银镶嵌钻石
法国约 1770 年
私人藏品

从古典主义复兴到东方兼容

启蒙时代倡导理想化的平等主义和强调"自然状态"，刻意打破了与过往的连接，只探索时尚和品味，从而简约的自然风格流行起来，并且富豪阶层和工薪阶层相互认同。贵族淑女会戴一顶草帽和简单的圈圈耳环，就像农民戴的那样，也被称为"朵儿芬娜"，这是法国继承人妻子的名字。或者是半圆形的花丝金圈，用珐琅上色，这种耳环还有一个绰号"鱼商贩"，因为在中央市场卖鱼的巴黎人就戴着这种花丝金圈。1789年之后，鉴于革命的严酷性，只有三角形的金属耳环被接纳，籍此象征着统治者的主导地位。随着珠宝首饰购买目录指南的出现，古典浮雕的时尚在珠宝和耳环上蔓延开来，这也是庞贝和埃尔科拉诺考古发现引起人们

兴趣之后的产物。尽管这种古典风格的复兴不需要使用古代的材料，但它确实重塑了古老的形式和功能。拿破仑的第一任妻子约瑟芬皇后酷爱珠宝，并将这种狂热带到了法兰西的宫廷，她尽情炫耀着那些用雕刻宝石制成的华丽珠宝。贝雕是用意大利海螺贝壳制作而成，是当时"帝国风格"时尚新耳环的完美选择，与当时迷人的"希腊式"发型完美搭配，将颈部和肩膀袒露出来。

众所周知，时尚是短暂的，却也能迅速回归。拿破仑帝国垮台后，烛台耳环又开始流行，借鉴了18世纪花朵图案的风格并镶嵌了钻石和珍珠。1840年至1850年，盛行的女性发型完全遮住了耳朵，以至于戴耳环的时尚消失了十年之久，后来又重新回归，

路易丝·维吉·勒布伦，伯爵夫人塞古尔的肖像
佩戴"朵儿芬娜"耳环，约 1885 年
© 凡尔赛宫国家博物馆

弗朗索瓦·热拉尔，约瑟芬在加冕典礼上的耳环
局部，1807—1808 年
枫丹白露城堡国家博物馆

耳环主要是珊瑚锦簇造型和宝石的"克里奥尔"款式。随着时代变迁，工业化带来的进步使生产方式发生了翻天覆地的变化，机器取代了工匠，开始批量用黄金金箔制成耳环，人们更注重作品的华丽外观，而不是设计和材料的质量。19 世纪下半叶，两项专利诞生，从而改变了耳环的使用方法：一项是耳夹，另一项是螺帽固定装置，这也成为除穿耳洞之外的另一种选择。耳环逐渐成为一种工业产品，甚至有一部分延续至今。

压花金片耳环，镶嵌石榴石，英格兰 1835 年
© 英国 V&A 博物馆 伦敦

1860 年后，意大利人对伊特鲁里亚和庞贝珠宝的兴趣与日俱增，也促使了一些罗马珠宝商去创作，如福尔图纳托·皮奥·卡斯特拉尼和他的儿子亚历山德罗和奥古斯托，他们的创作灵感来自古代的黄金珠宝，并加以多彩珐琅，镶嵌红宝石、紫水晶和玛瑙，在整个欧洲获得了巨大成功。他们的两名学生也为这些风格的传承做出了贡献：在伦敦工作的卡洛·朱利亚诺和贾琴托·梅里洛。他们的许多作品都是珊瑚浮雕，很可能是在那不勒斯或托雷德尔格雷科完成的，在那些地区，考古复兴的品味从未消失过。后来由查尔斯·刘易斯·蒂芬尼将"考古风格"带入北美洲，以满足美国上流社会对欧洲时尚的需求。除了伊特鲁里亚和拜占庭风格的耳环，蒂芬尼还推出了展现新艺术风格的作品。近二个世纪里，北非、印度、日本和中国的风格也渗透进欧洲的珠宝制作。东方珐琅工艺，如景泰蓝，被应用到黄金耳环上，而异国情调的装饰图案，如鸟和龙、蝴蝶和昆虫、花朵和扇子，被许多珠宝商采用，也展示出自由风格的雏形。

黄金珊瑚耳环，那不勒斯制造，1860—1880 年
私人收藏
© 艺术档案馆 普蒂奇尼拍摄

福尔图纳托·皮奥·卡斯特拉尼
黄金船形耳环，罗马 1850—1860 年
© 英国 V&A 博物馆 伦敦

卡洛·朱利亚诺，黄金耳环，镶嵌淡水珍珠
考古风格，罗马 1865—1870 年
© 英国 V&A 博物馆 伦敦

黄金贝雕耳环
那不勒斯 1810—1820 年
© 英国 V&A 博物馆 伦敦

银耳环，镀金，珐琅，微型马赛克
罗马约 1840—1860 年
© 英国 V&A 博物馆 伦敦

银耳环，镀金，珐琅，微型马赛克
罗马约 1840—1860 年
© 英国 V&A 博物馆 伦敦

玫瑰金浮雕耳环，镶嵌玫瑰切钻石和缟玛瑙
美国约 1870 年
© 英国 V&A 博物馆 伦敦

工薪阶层佩戴的耳环

虽然高级珠宝依然是富豪阶层的特权，但是工薪阶层从未停止过用饰品装饰耳垂，他们试图以更低廉的价格复刻奢华的风格。从 17 世纪早期开始，黄金或镀金的耳环就成为风靡一时的结婚礼物、家庭财产和农民的遗产。最基本的环形耳环因大小和装饰不同而有了多种形式：螺旋的、凸面的、管状的、雕刻的、穿孔的、带有垂坠或宝石的，它们取代了錾银、累丝、巴洛克风格珍珠和小宝石制成的低 K 金"船形"耳环。

新月耳环被认为是希腊—塔兰托船形耳环的演变，也是 19 世纪和 20 世纪工薪阶层所佩戴的珠宝中最常出现的风格之一。当然，在意大利各个地区也会有不同的定义。比如，亚得里亚海和西西里地区流行的是在镀金的圆环上，镶嵌宝石珠子、珊瑚、小金珠垂饰的船形耳环。

泪滴耳环在欧洲也很受欢迎，刻面珊瑚如纽扣般嵌入金片里，形状像"杏仁"，金丝连接着吊坠，将珠子或刻面珊瑚交织在一起。珊瑚一直被认为是重要的神秘宝石，有着强大的护身符功效，它再一次赋予了耳环神奇的疗愈功能，这对风俗文化的传承意义非凡，从婴儿接受洗礼时打耳洞到新娘结婚时赠送耳环，无不如此。

农民红金耳环，来自意大利
南部约 1850 年
© 英国 V&A 博物馆 伦敦

黄金珐琅耳环，累丝工艺，镶嵌彩色宝石
意大利约 1825 年
© 英国 V&A 博物馆 伦敦

黄金船形耳环，累丝工艺
意大利马尔凯约 1860 年
私人收藏

黄金泪滴吊坠耳环，镶嵌刻面珊瑚，那不勒斯
1800 年末 ，科拉洛博物馆，恩佐·利维里诺系列
© 艺术档案馆 普蒂奇尼 拍摄

农民黄金耳环，镶嵌珊瑚，那不勒斯 1800 年末
托雷德尔格雷科艺术学院博物馆
© 艺术档案馆 普蒂奇尼 拍摄

银镀金珊瑚耳环，西西里 1880 年末
© 英国 V&A 博物馆 伦敦

▲
扬·亚当·克鲁斯曼，阿里达·克里斯蒂娜·阿西
尼可的肖像，局部，1833 年
© 荷兰国立博物馆 阿姆斯特丹

弗朗切斯科·保罗·米切蒂，唐娜·安努齐亚塔头
像，1887 年，私人收藏
▼

20 世纪和前卫艺术的影响

　　20 世纪初两种不同的风格趋势并存：一种是类似路易十六和法兰西帝国风靡的钻石耳环，用铂金代替黄金以减少所需的金属量；另一种是在新艺术运动的创新趋势下设计的柔美流畅造型的耳环。新艺术的风格借鉴了流畅的线条和自然主题，叫板过往刻板的珠宝形式，从而变得更为诗意和引人注目。玻璃和珐琅，特别是雷内·莱俪作品中独树一帜的"空窗珐琅"技术，完美地再现了蜻蜓、蜜蜂、蝴蝶、花瓣等不可捉摸的柔韧翅膀，它们自带彩虹，翩翩起舞，充满了纯粹的幻想。与此同时，珠宝行业准备了全新并且更廉价的材料，使更多人能够买得起这些产品。其中一种创新材料是"琉璃"

（pâte de verre），这是一种用金属氧化物精细研磨和着色的玻璃浆，可以雕刻、冷压然后烘烤，因此比印花玻璃更快成型。

　　第一次世界大战后，受德国包豪斯和立体主义运动的影响，新艺术派所珍视的主题让位于更加简约、纯粹抽象的几何形式，这种风格在 1925 年巴黎"国际装饰艺术博览会"上被赋予了新名词——"装饰艺术"。专注于作品的美学和设计质量，而不是材质的经济价值，其目的是创造一种整体比例和谐的效果，并通过玉石、缟玛瑙、珊瑚和孔雀石的组合大胆制造出革命性的配色。金属的使用减少到最低限度，自然均衡的设计体现了机械冷峻之美。

新艺术风格黄金钻石空窗珐琅耳环
1900 年初
私人收藏

卡地亚双耳细瓶铂金珊瑚垂饰耳环
镶嵌钻石凸圆形祖母绿和缟玛瑙，巴黎 1924 年
卡地亚典藏 © 卡地亚　尼尔斯·赫尔曼拍摄

第一次世界大战后，女性形象发生了变化导致出现了全新的耳环。那些像含苞待放、长而悬垂的款式，特别适合短发的"摇摆女郎"，可以无拘无束地裸露出脖子。1921 年 9 月 15 日 *Vogue* 上发表的一篇报道文章写道："垂饰耳环正在重新流行起来……法国和英国妇女都热烈欢迎它们"，文章还建议选择最长的款式，听从建议的女性最终佩戴的垂饰耳环长度都触及肩膀！

镶嵌钻石和宝石的珍贵铂金首饰依然是大型珠宝公司金匠们的专属，着重于演绎东方魅力和直线构图。玉石雕刻耳环一侧镶有缟玛瑙、钻石、祖母绿和珊瑚，以及几何图形、钻石和缟玛瑙诞生的黑白配色成为时尚潮流，很多新兴时装设计师也推波助澜，其中包括可可·香奈儿女士。

20 世纪 30 年代，几何图形被柔和的线条所取代，铂金或白金镶嵌的钻石和无色宝石大行其道。1929 年，在巴黎举行的珠宝饰品博览会上，"白色时尚"成为一种新的潮流。长方形面包切钻石、榄尖形切钻石和明亮式切钻石是垂饰耳环中最受欢迎的宝石琢型，螺旋形的三维耳钉、白金蝴蝶结镶嵌钻石被固定在叶片耳夹上，成为 20 世纪 30 年代后期的典型特征。

1935 年，梵克雅宝申请了一项宝石镶嵌的专利，名为"隐秘镶嵌"，就是将红宝石、蓝宝石和祖母绿镶嵌在被隐藏起来的金属框里，类似于微型马赛克，宝石表面无任何缝隙地连接着。这种复杂的技术需要高超的手法来校准切割好的小宝石，使它们完美地呈现出设计和镶嵌上的"天衣无缝"。

铂金耳环，镶嵌珍珠和钻石，约 1930 年

黄金耳夹，镶嵌钻石，约 1945 年

梵克雅宝，黄金耳夹，镶嵌钻石和蓝宝石
约 1950 年
私人收藏

铂金耳环，镶嵌钻石，1930 年

黄金耳夹，镶嵌钻石，约 1950 年

前卫时尚的耳夹和
实验性创新

　　随着耳夹的广泛流行，耳饰的形状也发生了翻天覆地的变化。耳饰的造型丰富多样，集中装饰在耳垂部分，有时还延伸到耳廓的上半部分。耳夹则具有多种功能，它们还可以用作突出耳朵轮廓的"别针"。涡形、螺旋形、绳结、扇形、花朵、树叶、穹顶、贝壳等自然主义造型以及黄金密钉镶宝石耳饰一直流行到第二次世界大战爆发之后。二战后，除了以黄金取代战争期间紧缺的铂金，耳环的形式和款式并无太大变化。

　　20 世纪 50 年代，人们用绿松石、珊瑚、黄水晶、紫水晶和黄宝石等成本较低的宝石制作多彩的耳环，缠绕的绳结形黄金经过抛光处理光彩夺目。华丽的晚宴珠宝和简约风格日常佩戴的耳环之间仅有细微区别。1955年，美国物理学家特里西·霍尔首次开发出生产人造钻石的技术，并与施华洛世奇水晶一起征服了接受新兴事物的市场。

　　与欧洲相比，美国金匠行业受冲击的影响较小，在整个 20 世纪 40 年代，他们仍在

米里亚姆·哈斯克尔，金属耳夹镶嵌五彩玻璃珠
约 1950 年
私人收藏

玛格丽特·德·帕塔，银珐琅耳环镶嵌琥珀，
约 1960 年

私人收藏

"好莱坞的约瑟夫"品牌银耳环镶嵌莱茵石，
约 1950 年

私人收藏

贝蒂·戴维斯在电影《即期付款》中佩戴"好莱坞的约瑟夫"品牌银耳环

继续推出人造珠宝。好莱坞的艾森伯格、特里法里、米里亚姆·哈斯凯尔和休金·约瑟夫制造了花哨、多彩和时尚的耳环，赢得了许多电影明星的青睐。在那些年里，好莱坞塑造了每个人都向往的社会模式，那些华丽炫目的首饰饰品也表达了人们对美丽和繁荣的追求。同样，美国的一些艺术家开始尝试新颖别致的装饰品形式，这可以归因于被称为"现代主义"的运动。亚历山大·考尔德、哈里·贝托亚和玛格丽特·德·帕塔是珠宝与艺术融合的核心推动者，他们的作品主要侧重于设计和古老的金属加工方法。事实上，他们的方法被比作"铁匠部落"。考尔德创作了令人惊叹的动感珠宝，这些珠宝由一根打制好的铜线或黄铜线组成，

尺寸和形状极其简单却充满力量，展现了原始和抽象的象征意义。贝托亚发明了银和黄铜珠宝，并对家具中使用的金属进行了研究。德·帕塔受包豪斯风格的启发，尝试了不同寻常的宝石切割和几何体的镶嵌方式。在随后的几十年中，现代主义设计方向一直没有中断，这也要归功于 1960 年大都会艺术博物馆举办的展览，斯堪的纳维亚艺术家的作品让众多观众眼前一亮。其中，乔治·杰森的耳环是北欧风格设计的精髓，突出了"创新方法决定作品的珍贵程度"。

在伦敦"摇摆的 60 年代"，玛丽·匡特和崔姬引领了时尚爱好者们流行剪短波波头，露出耳朵和脖子，再配上越来越戏剧化、五颜六色的塑料或金属耳环。令人惊奇

米里亚姆·哈斯克尔
金属耳夹镶嵌玻璃，约1950年
私人收藏

超模崔姬，佩戴塑料耳环
20世纪60年代末

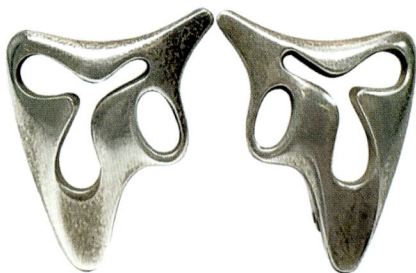

乔治·杰森品牌银耳环
约1950年
私人收藏

塑料耳环，20世纪60年代初
私人收藏

的焰火色彩，仿效了埃米利奥·普奇和肯·斯科特服装的花哨组合。与此同时，黑白"光学流行"风格也赢得了设计师和模特们的青睐，他们以服装、配饰和爆炸性耳环的形式表现了这一潮流。

20世纪40年代，杰出的艺术家们在珠宝创作上不断挑战自我，而到了20世纪60年代，金匠们则从艺术的角度出发，赋予珠宝以艺术性、独特性和不可复制性，从而为"原创珠宝"铺平了道路。1957年的第11届米兰三年展（三年举办一次的现代艺术节）展出了阿纳尔多·波莫多罗、恩里科·巴伊和埃托雷·索特萨斯的作品，这些艺术家的探索展示出珠宝作为艺术表现形式的潜力，并在意大利首次将艺术家和金匠结合在一起。在随后的几十年里，通过使用新材料和创新的形式，金匠们开始进行艺术表达的探究，挑战金匠艺术的新概念。最简约的珠宝是一种与生产逻辑和传统类别无关的实验，单纯与奢华炫耀形成鲜明对比。耳环不再仅仅是佩戴的物品，还是与身体互动的一部分，通过穿孔、解构和压缩将其融合在身体、耳朵和装饰品的共生关系中，身体是设计的概念焦点，将珠宝从装饰元素转变为真正的设计本身。

斯坦茨霍恩品牌，"蝴蝶夫人"耳环，镶嵌钻石和红宝石

ALLOVE 馆藏·星耀皇冠系列耳环
18K 金、钻石

阿莱西奥·博斯基
"大君壁画"耳环，白金和玫瑰金，镶嵌钻石、欧泊、薰衣草尖晶石、祖母绿、珍珠

在高级珠宝产品中也不乏将技术与美学追求相结合的精品。例如，斯坦茨霍恩品牌（Stenzhorn）的"花卉"系列耳环就运用了令人赞叹的隐秘镶嵌技术，打造出无缝隙的罂粟花瓣，展现出大自然的美丽。还有阿莱西奥·博斯基的"大君壁画"耳环，灵感来自莫卧儿王朝的装饰风格，由珍贵的不对称阿拉伯式花纹组成，令人联想起印度童话里的意境，以及孔雀在印度大君迷人的花园中翩翩起舞的场景。

ALLOVE 斓·觅系列耳环
18K 金、红宝石、钻石

耳钉

装饰耳垂的耳环通常是耳钉嵌入或耳夹固定单颗宝石或珍珠，比较常见的耳环形状是海螺形、圆形或椭圆形，它可以改变椭圆形长脸的视觉效果，也可以柔化硬朗的脸部线条或过于方整的脸形。选择耳环还要根据耳朵的大小和脖子的长短，如果身材比较纤细，可以选择大号耳环，但如果脸形比较圆润，则最好选择小尺寸的耳钉。对于日常佩戴，不妨试一试金色或彩色组合，尤其在冬季搭配翻领或高领毛衣也很完美。密钉镶钻石或单颗贵宝石耳环则更适合晚礼服场合。一对非常精致的耳环搭配一枚戒指，不佩戴其他首饰就可以是不错的造型。双层珍珠耳环装饰耳垂前后，是对经典单颗珍珠耳环的创新设计。如何在不对称的设计中玩出新花样呢？可以将艳丽的垂饰耳环与低调的同色耳钉搭配，或者选择相同材料和工艺制作而成的两款不同形状的耳环。现在很多珠宝商推出拆卸式耳环，这样耳钉部分可以白天单独使用，耳钉加垂饰可以成为夜晚的珠宝。

环形耳环

环形耳环的尺寸和材质多种多样，有小型环形耳环，也有大尺寸的"克里奥尔"环形耳环，既有素金的，也有镶满宝石的。无论选择哪一种，总有一款适合自己。不同款式的大型吉普赛圈环是为自由奔放的女性量身定制，为其拥有的瀑布般的长发锦上添花。无论风格是简约、奢华还是嬉皮，环形耳环都是完美的配饰。尽情发挥您美的想象力，创造出属于自己的独特组合，将最喜欢的环形耳环不对称佩戴，可以是环状耳环的左右对话，也可以是环状耳环和耳钉的俏皮对视。

水晶灯
或垂饰型

　　隆重迷人的垂饰耳环适合大胆个性的表达，如果能像 20 世纪 50 年代的好莱坞明星一样配上发髻或马尾辫，或者简约的柔顺纤细发型，效果会更好。垂饰耳环适合长直发，但不适合浓密毛躁的头发，唯一可做的就是选择细长的垂坠，以避免过多的冗余。对于中等长度的头发，应避免佩戴过长的垂饰，并确保垂饰与头发的长度相匹配。精致的极细长耳环，如垂落在肩部，可修饰丰满的圆脸，衬托出纤细优雅的脖颈。它们一定能吸引眼球，并且转移对"不完美"的注意力。

　　对于三角形的脸，尽量避免佩戴几何形状的耳环，而是选择大号的泪滴形垂饰或环形耳环，这样可以弱化脸部的硬朗感，使五官显得更加优美精致。

　　对于椭圆形长脸来说，需要考虑耳环的长度，因为过长的耳环会更加突出脸形。避免将细长的垂饰耳环与宽大的高领毛衣、荷叶边领口或高耸的领口搭配。相反，有垂饰的耳环与窄高领毛衣或夸张的领口相得益彰，佩戴时身体上半部分不要佩戴其他首饰，尤其是锁骨链，那么耳环就是最中心的聚焦点。

　　佩戴镶有闪亮耀眼宝石的长耳环非常讲究，适合搭配正式优雅的服装。如果在非正式场合或白天佩戴，可选择超大号、超级闪亮、超级华丽的耳环！

多耳洞佩戴法

如果您有很多个耳洞并且想在耳垂上戴上一系列耳环，可以在上面的耳洞里戴上较小的耳环，然后向下增大耳环的尺寸。如今，有许多有趣的多孔耳环可以在不穿耳洞的情况下佩戴。这些耳环可以随意地组合在耳廓周围，形成极具个性的装饰效果。袖口式耳环可以修饰整个耳骨，也是非常新潮的装饰品。

手链 / 手镯

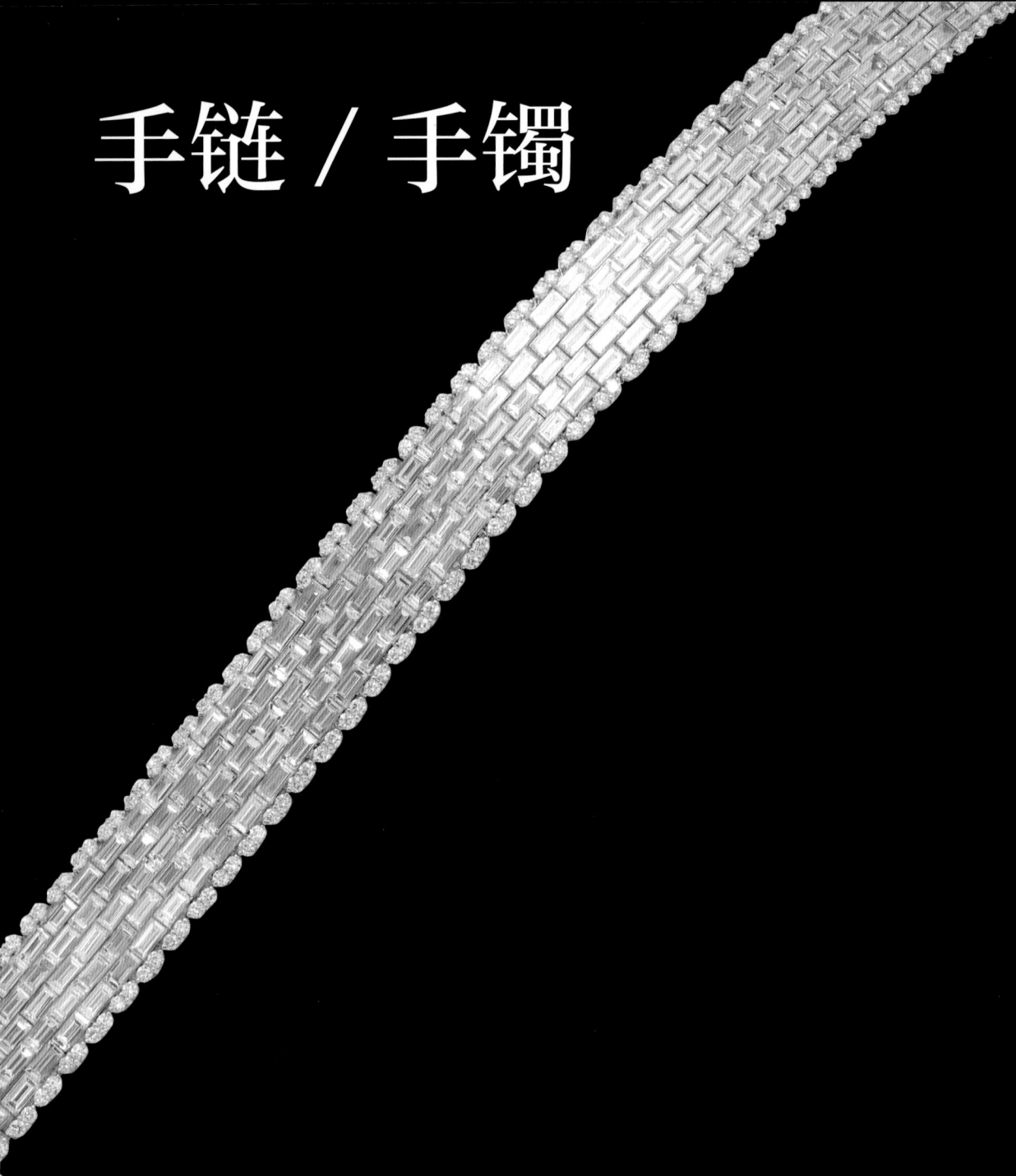

"亲吻你的手可能会让你感觉非
常美好，但钻石手链却能让你永
生难忘。"
——安妮塔·卢斯，美国剧作家
《绅士爱美人》

斯坦茨霍恩
18K 白金手链名为"南极洲冰川时代" 长方形钻石隐密镶嵌

从祖先的金属饰品到精致的古典金匠手链 / 手镯

手镯的形状是一个圆环，代表着身体和灵魂的结合，象征着保护和依恋。手镯通常佩戴在手腕上、肘部上方、手臂上部甚至脚踝处，其丰富的含义在各个时期表现各不相同，但始终与时尚风格和社会象征意义紧密相连。中世纪盛行长袖并完全遮住手腕，手镯自然就被忽视了，直到文艺复兴时期女性开始追逐露出手臂和手腕的时尚后，手镯和手腕才得以重见天日。不同的时代重复那些经典的款式，如硬质的圆环、丝带状和蛇形手镯，人们可以通过装饰和镶嵌技术来区分不同时代的风格。

在几乎所有的新石器时代遗址中都发现了用骨头和贝壳制成的圆环，这是一种原始的手臂装饰品，随后在青铜时代（约公元前 4000 年至公元初年）又出现了简单圆环或大型螺旋形状的金属手镯。最早的珠宝手镯是在埃及王朝时期才出现的，当时的人们在上臂上戴着成对的简约圆形手镯，手镯以石头串珠元素作为装饰，以彩色块状排列，并配以黄金搭扣。大约在公元前 1327 年去世的年轻法老图坦卡门佩戴的手镯用硬质黄金镶嵌青金石、绿松石和红玉髓，上面还装饰着荷鲁斯神的眼睛或神圣的圣甲虫，这些象征着超自然力量的宝石将手镯转化为强大的护身符。

西特哈索尔羽内特公主的黄金手镯镶嵌红玉髓和绿松石，埃及第十二王朝，公元前 1890—公元前 1880 年
© 美国大都会艺术博物馆 纽约

黄金蛇纹手镯
埃及公元前 1 世纪
© 英国 V&A 博物馆 伦敦

在米诺斯克里特岛克诺索斯宫殿的壁画里（公元前 2000 年至公元前 1450 年），跳舞的女孩手腕上戴着手镯，公元前 6 世纪至公元前 4 世纪，尤其是公元前 330 年至公元前 27 年的希腊化时代，考古发现证明希腊黄金珠宝达到了鼎盛时期：手镯由精美的花丝工艺制成，镶有彩色玻璃和刻有魔法象征符号的宝石，如赫拉克勒斯之结，这就是从埃及珠宝中提取的符号。

不可否认，蛇纹手镯是最流行、最受喜爱的古典款式，它与宗教的神奇含义密切相关，与象征生育和辟邪的力量联系在一起。希腊和罗马的金匠继承了亚述珠宝制作的工艺并制作成蛇纹手镯。当时流行的手镯有空心的和实心的两种，形状通常是一个镂空的圆环，圆环的末端装饰有狮子或公羊的头，这些元素一直延续到罗马时代之后。

公元前 4 世纪希腊阿提卡的斯基泰艺术中有一件黄金杰作。这只金手镯是在克里米亚的库尔奥巴发现的，由一个缠绕的绳丝环组成，末端是面对面两个完美的人面狮身像。它可能是由定居在黑海北岸殖民地的希腊金匠制作的，也可能是由斯基泰工匠制作的，他们继承了希腊金匠的技艺，以"动物风格"为特色，描绘了真实和虚拟动物之间的搏斗，展现出精致的美感和极高的技艺。

罗马帝国尽管有禁奢法，但人们对手镯的热情依然高涨。妇女们开始同时在左臂、右臂、手腕和脚踝上佩戴多对手镯，分别还有对应的专门名称，如左臂为左旋镯环，右臂为右旋镯环，手腕上的则称为手镯。螺旋蛇形手镯是迈锡尼的遗物，其尺寸可随意调整，因此也可以戴在肘部以上，而且通常还配有类似的脚腕镯。蛇形符号手镯或戒指是佩戴者的护身符，因为它有疗愈的传说和与宗教信仰的神奇力量有关。螺旋形手镯受到罗马文化和风格的影响，后来被高卢金匠所采用。

黄金双头狮子手镯
希腊公元前 4 世纪
© 美国大都会艺术博物馆 纽约

罗马金匠借鉴了希腊和伊特鲁里亚艺术的款式，用金工技术打造出全新外观的手镯。当时最流行的款式是棍形手镯，两个蟒蛇头"遥遥相对"却又彼此连接着。罗马金匠还有一个绝活是黄金镂空技术，花丝工艺和黄金网格铰接并镶嵌彩色玻璃的手镯则更为罕见。严格来说，罗马金匠艺术和臂纹混为一谈并不准确，臂纹不是装饰品，而是士兵佩戴在左臂上的一些刻有军事内容的标记环。而贵族为了与之区别，于是刻意将有弧度的手镯戴着右臂上。

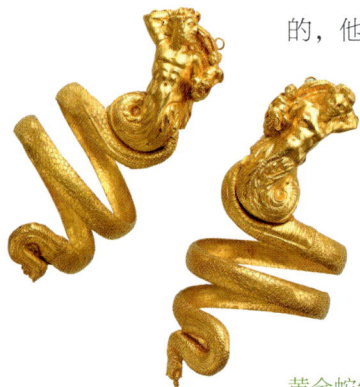

黄金蛇纹手链
代表雌性海卫神，希腊化时代公元前 2 世纪
© 美国大都会艺术博物馆 纽约

从文艺复兴热潮到花卉和彩绘珐琅

黄金镂空手镯，镶嵌祖母绿、蓝宝石和玻璃
罗马帝国公元 4 世纪
© 美国保罗·盖蒂博物馆 洛杉矶

　　正如服装史上经常出现的潮流变化，这种变化也极大地影响了珠宝款式的变化，一些种类珠宝会受到青睐，而另一些种类珠宝则受到冷落。在古典时代末期，服装经历了变革，从裸露手臂的柔软长袍转变为使用厚重面料制作的长袖连衣裙，这种长袖连衣裙将手腕遮挡在视线之外，手镯也就无用武之地了。因此，在整个中世纪，臂饰都没有经历过辉煌时期，但拜占庭帝国除外，在那里，人们仍然受到古典金匠传统的影响，喜欢佩戴珍贵的硬质手镯，手镯中央有镂空或浮雕的装饰图案，一些精美的手镯还用黄金镶嵌宝石和珍珠。

　　文艺复兴时期的绘画作品中很少有关于手腕首饰的图解，但在 1400 年至 1500 年的公证和遗嘱目录中却发现大量记载，其中描述了用宝石和珐琅装饰的金银手镯。随着文艺复兴审美观念的更新，珠宝首饰变得更优雅和有创意。手镯变得更加轻巧，用细小的链条编织而成，这些链条弯曲缠绕，如备受追捧的其灵感源自威尼斯马宁家族的链条，或者用珊瑚、琥珀珠或珍珠串成。用黄金镶嵌古老浮雕制成的手镯也很流行，并用鲜艳的珐琅加以点缀。

多串珊瑚珠被认为具有保护功能的珠宝，特别适合年轻女性和儿童佩戴，以保护处于脆弱阶段的她们。佛兰芒画家尼古拉斯·埃利亚斯·皮肯诺伊是 17 世纪初阿姆斯特丹富商们最喜爱的肖像画家，他特别擅长细腻地再现所画珠宝的细节。在他众多的女性肖像画中，这些手镯以极致的黄金平面图案为特色，突出用精致珐琅打造的动物或花卉，这些主题揭示了他对异国花卉和植物学研究的极度兴趣，这种研究在当时的北欧非常受欢迎。事实上，在黄金上绘制珐琅的技术早在 16 世纪初的几十年间就在法国发展起来了，并很快在宫廷中流行开来，这一点我们

黄金镂空手镯，君士坦丁堡公元 6—7 世纪
© 美国大都会艺术博物馆 纽约

黄金手镯
镶嵌珍珠、蓝宝石和紫水晶
君士坦丁堡公元 6—8 世纪
© 美国大都会艺术博物馆 纽约

可以在皮肯诺伊绘制的许多荷兰仕女肖像画
中清楚地看到。花卉是那个时期珠宝的永恒
主题。我们可以在珠宝巨著的插图中发现许
多以花为主题的款式，如巴黎人吉尔·勒加
雷于 1663 年出版的《艺术作品汇编》。他
是一位无与伦比的珐琅艺术家，精通珐琅彩
绘技术。这是一种复杂的工艺，需要先在玻
璃上铺上一层白色珐琅，然后趁热在上面用
色彩绘制。

▲ 尼古拉斯·埃利亚斯·皮克诺伊
约翰娜·勒·梅尔肖像，彼得·范森的妻子
局部，1622—1629 年
© 荷兰国立博物馆 阿姆斯特丹

▼ 尼古拉斯·埃利亚斯·皮克诺伊
约翰娜·勒·梅尔肖像，彼得·范森的妻子
局部，1622—1629 年
© 荷兰国立博物馆 阿姆斯特丹

黄金珐琅手链，荷兰 1640 年
© 英国 V&A 博物馆 伦敦

从巴洛克风格到新古典主义的手镯黄金时期

黄金手链，绿玉髓镶嵌钻石和红宝石，
法国 1800 年初
© 英国 V&A 博物馆 伦敦

黄金珐琅手链，镶嵌珍珠，表现浪漫的自然主义
风格，1850 年
© 英国 V&A 博物馆 伦敦

　　手镯在欧洲国家的 18 世纪和 19 世纪之间大获成功。当时，手镯被用来突显精致的手腕，因为那一时期的礼服大多比较宽松，限制较少。在路易十四的宫廷中，人们在任何社交场合都会炫耀自己的奢华，珠宝成为权威的象征，是结婚仪式、领事使节的纪念活动以及和平协议的庆典之物。在凡尔赛宫里，最时尚的手镯是中心装饰着一个微型人像，以纪念心爱的人，边框用花冠、爱情结雕刻而成，喻示情感依恋和尊重。这种手镯也被称为"肖像盒"手镯。在安东·门格斯（Anton Mengs）18 世纪晚期的画作中，玛

辫子形黄金手链
镶嵌贝雕，英格兰 1830—1850 年
© 英国 V&A 博物馆 伦敦

帕斯夸莱·诺维西莫（Pasquale Novissimo）
黄金手镯，累丝和造粒工艺，1860—1870 年
© 英国 V&A 博物馆 伦敦

丽亚·吉赛皮娜·迪·波尔邦王后戴着两个手镯，右臂上那个手镯有母亲的肖像，左臂上的那个则是父亲西班牙国王卡洛斯三世的肖像。18 世纪末，出现了纪念性和情感性珠宝。一般来说，这些首饰里面装有逝者的发辫和镀金的姓名首字母，并用丝带固定在手腕上。

这些手镯与具有象征意义的首饰和代表爱情誓言的首饰一起，构成了一套极具象征意义的个人贴身首饰，一直保留到 19 世纪。随着新洛可可和新古典主义潮流的兴起，各种类型和风格的首饰相继流行起来，用装饰性的花朵表现感性。阶层地位、年龄、场合和服饰的区别决定了佩戴何种手镯。当时的礼仪手册建议晚间佩戴钻石、珍珠和祖母绿，白天则佩戴不那么贵重和精致的珠宝。督政府时期轻盈的风格和法国大革命后的流行礼服配以硬朗的手镯，手镯上饰有新古典主义图案、月桂树枝或曼妙的花纹，一只戴在上臂，一只戴在肘部，另一只戴手腕上。1830 年复辟时期后涌现了新资产阶层，手镯成为最时髦的首饰，大量风格迥异、制作工艺不同的手镯被戴在手腕上，有时甚至戴在长长的肘部手套外。手镯的形式多种多样，有柔软材质的，有珐琅或宝石镶嵌的，也有两端开口装饰有动物头的。有的手镯形状像蛇咬住尾巴，有的则是带搭扣的微型肖像手镯。法式风格是这一潮流的标志：宽版袖口手镯和带扣子的丝带手镯。在这一时期的大部分时间里，珠宝灵感源自大自然，装饰着极为逼真的花朵和水果这一类珠宝非常流行。同时，莱茵石和刻面不锈钢组合可与钻石相媲美，为珠宝市场带来了更广泛的受众。

在维多利亚时代，17 世纪末出现的"情感表达型珠宝"经历了一次复兴，强调了所有者和捐赠者之间的联系，体现永恒性的情感表达方式。关注手镯的象征意义从而使其

卡斯特拉尼
黄金手镯，造粒工艺、红玉髓雕刻的圣甲虫
意大利 1890 年
© 英国 V&A 博物馆 伦敦

卡斯特拉尼 ▶
微型马赛克黄金手链
意大利 1860—1890 年
© 英国 V&A 博物馆 伦敦

◀ 卡斯特拉尼
黄金手镯，块状铰链和造粒工艺
那不勒斯，1860—1880 年
© 英国 V&A 博物馆 伦敦

选择非贵重材料制作。事实上，有些款式内会有一个小容器，用来保存拥有者心爱之人的一绺头发，还有一些款式则用极高的技艺将头发本身缠绕在一起，形成手镯。18 世纪中叶，人们对赫库兰姆和庞贝考古发现的热情催生了"考古风格"，这是一种与古代古典珠宝风格相关联的款式、形状和技艺的再现。一些珠宝商通过模仿古代珠宝和采用古董市场上发现的古董宝石而发家致富。这些作品的灵感来自伊特鲁里亚和庞贝的原物件，使用了浮雕和微型雕刻、造粒和累丝工

地中海珊瑚手链，雕刻珊瑚
那不勒斯 1850—1860 年
佛罗伦萨银器和瓷器博物馆
© 艺术档案馆　普蒂奇尼拍摄

珊瑚手链，新古典主义灵感
那不勒斯 1850—1860 年
安东尼诺·德·西蒙尼收藏系列
托雷德尔·格雷科
© 艺术档案馆　普蒂奇尼拍摄

艺，工艺精湛，有时甚至难以将仿制珠宝与原物区分开来。在一些伊特鲁里亚风格的手镯中，宽匾手镯两侧镶嵌着微型马赛克和古钱币，并用链条连接起来，使其具有完美的可穿戴性；在另一些手镯中，浮雕、红玉髓和古董珠子为其增色不少。

在整个 19 世纪，珊瑚珠宝一直占据着重要地位。前来意大利壮游的旅行者爱上了来自那不勒斯的珊瑚、贝壳和维苏威火山石浮雕制成的神话题材首饰，他们购买这些最好的首饰来丰富自己的收藏。蛇形手镯的灵感源自考古风格，它让人想起古罗马时代的螺旋形"奴隶手镯"，由雕刻珊瑚部件组成，内部通过不绣钢弹簧连接，适合佩戴在手腕、前臂或肘部以上。这种款式在整个 19 世纪甚至更长的时间里都在继续生产，以至于到了 20 世纪初，当新艺术风格如火如荼时，一些那不勒斯生产商仍在他们的珠宝目录中再次推荐这种款式。

两条黄金手链，地中海夏卡珊瑚
那不勒斯 1860—1870 年
科拉洛博物馆，恩佐·利维里诺收藏系列
托雷德尔·格雷科
© 艺术档案管　普蒂奇尼拍摄

席希思（SICIS）紫色栀子花腕表
微型马赛克工艺
白金、钛金、钻石、蓝宝石

手镯腕表

　　手表直到 19 世纪才开始被佩戴在手腕上。1810 年，拿破仑的妹妹卡罗琳娜·波拿马·缪拉曾短期担任那不勒斯王后，她向珠宝商亚伯拉罕·路易·宝玑发出了一份订单，要求定制一款腕表，宝玑于 1812 年制作了这款腕表。第一款已知的手表可追溯到 1868 年，由百达翡丽为匈牙利伯爵夫人科斯科维奇设计制作。现在，它被保存在这家历史悠久的瑞士奢侈钟表制造公司的博物馆中。然而，当时腕表仍然是一种完全属于女性的时尚用品，有着与手镯相同的装饰功能，而男士则继续使用怀表。卡地亚等珠宝商在 19 世纪最后十年就开始销售女式腕表，直到 20 世纪 20 年代，随着装饰艺术风格的兴起，女式腕表才在大众中流行开来，成为精致而实用的珠宝手镯，并镶嵌钻石和其他宝石。从梵克雅宝到卡地亚，从蒂芙尼到尚美巴黎，当时所有知名的珠宝商都推出了珍贵而精致的珠宝表，用铂金或白金镶嵌钻石。最昂贵、最珍贵的表款往往由钻石和铂金制成，用以搭配晚礼服佩戴。贵重表链的风潮一直延续到 20 世纪 40 年代 和 20 世纪 50 年代，它顺应了那个时间段的潮流，金质表链搭配小巧的矩形或圆形表盘，有时还镶嵌有宝石。梵克雅宝的 "Cadenas 挂锁" 腕表就是一个典型的例子，它由黄金或铂金制成的双层柔性管状表链和隐藏式表扣构成。在 20 世纪 50—60 年代，珠宝腕表达到了流行的顶峰，当时许多美国电影明星都喜欢佩戴珠宝腕表，他们在舞台上和社交场合都会佩戴奢华的珠宝腕表。如今，历史悠久的制表公司专注于创造可以世代相传的珠宝腕表，将其优雅气质与瑞士卓越的机械装置完美结合，打造出经得起时间考验的传奇杰作。

已知最古老的珍贵手表之一
机芯上的签名为 Freu ndler à Genève
1813 年

© 杜洛克钟制表博物馆 瑞士德蒙城堡

百达斐丽
装饰艺术风格腕表，镶嵌钻石
和祖母绿，1920 年末
私人收藏

百达翡丽
黄金珐琅女性腕表，为科斯科维奇伯
爵夫人定制，1868 年
由百达翡丽友情提供

梵克雅宝 "Cadenas 挂锁"
黄金腕表，1940—1950 年
私人收藏

宝格丽
黄金灵蛇系列腕表
镶嵌钻石和绿松石，2015 年
私人收藏

席希思（SICIS）
黄金祥云腕表，镶嵌钻石
微型马赛克工艺

从流线型的花卉到厚实的宽版"坦克"手镯

浪漫的自然主义风格在 19 世纪晚期的"花果"珊瑚手镯中淋漓尽致地表现出来，它标志着珠宝制作艺术在风格上的重大革新。大自然是其灵感的主要来源，它的形式多变，与 19 世纪的现实主义诠释截然不同，表现为一种诗意和风格上的蜕变。

这股被称为"新艺术"的崭新艺术潮流也从象征主义运动的作品中汲取灵感，在不同程度上引入了隐喻和象征。这股艺术潮流还受到了英国工艺美术哲学某些理念的启发，这些理念建议"远离重复性创作，让幻想插上翅膀"。雷内·莱俪、保罗·利纳德、亨利·韦弗、阿奇博尔德·诺克斯和菲利普·沃尔夫斯等一批法国和英国珠宝商为手镯赋予了新的风格，并用精湛的技术创作不朽的作品，如空窗珐琅和琉璃工艺。那时的人们明显偏爱半透明的色调，喜欢粉彩宝石欧泊、象牙和碧玺。在新艺术风格中，日本艺术是另一个重要灵感来源，这与装饰艺术时期的日本风格没有区别，日本风格带来了很重要的影响。引入日本文化艺术和日本的

雷内·莱俪
黄金空窗珐琅手链，巴黎 1900 年
© 应用艺术博物馆 布达佩斯

卡地亚
铂金手链镶有钻石、珊瑚、缟玛瑙
巴黎 1925 年

卡地亚典藏 © 卡地亚　尼尔斯·赫尔曼拍摄

卡地亚"奇美拉"手镯
黄金铂金镶嵌钻石、瓜形祖母绿、珊瑚、蓝宝石
和珐琅。它集印度和中国传统于一体，是卡地亚
经典之作。巴黎 1928 年

卡地亚典藏 © 卡地亚　尼尔斯·赫尔曼拍摄

卡地亚 ▶
铂金手链镶有钻石、珊瑚、
缟玛瑙，巴黎 1925 年

卡地亚典藏 © 卡地亚
尼尔斯·赫尔曼拍摄

金属加工技术促进了新的生产技术的发展，如名为东瀛的赤铜是一种蓝黑色铜合金，可以在蓝与黑之间呈现变幻莫测的暗绿色泽，这也催生了珠宝首饰的东方品味。

　　第一次世界大战结束后，重新燃起的乐观主义气氛也为珠宝界带来了一股活力。珠宝创作者们从时装、立体主义和未来主义潮流、包豪斯风格和艺术活动（如迪亚吉列夫的俄罗斯芭蕾舞剧）中汲取灵感。珠宝作为微型的艺术品，吸收了这一时期的所有文化思想精髓。装饰艺术风格宣告诞生，这是一种创新的装饰艺术思想，正如勒柯布·西耶所说，"它不涉及任何装饰"，整体上线性风格非常适合镶嵌名贵宝石的手镯，并以简洁的设计和大胆的色调对比加以诠释。

　　作为装饰艺术的手镯需要精心排列和镶嵌宝石，以创造出优雅而有力的色彩组合。让·富凯是巴黎著名珠宝商的后代，他是装饰艺术大师，通过极其简洁的几何形状设计，突出宝石的基本颜色和凝练的纹理。缟

◀卡地亚铂金手链手链 镶有钻石、珊瑚、缟玛瑙，珍珠母贝，由卡地亚在 1925 年著名的国际装饰艺术与现代工业博览会上展出，巴黎 1924 年

卡地亚典藏 © 卡地亚　尼尔斯·赫尔曼拍摄

▲ 卡地亚
东瀛赤铜嵌金块状手链
英格兰 1880 年

© 英国 V&A 博物馆　伦敦

葛洛丽亚·斯旺森佩戴两根卡地亚钻石水晶手镯，和威廉·霍尔登在电影《日落大道》的剧照，1959 年

司在制作采用方形阶梯切钻石和长条形钻石镶嵌的隐密式镶嵌珠宝，其拥有令人惊叹的柔韧性和光滑度。例如，斯坦茨霍恩制作的精致的"南极洲冰川"手镯，其灵感正是来自原始的南极冰川，所使用的钻石与冰川一样完美纯净，并通过特殊的隐密镶嵌的方式将钻石连接在一起。

在大西洋的另一端，好莱坞"梦工厂"通过葛丽泰·嘉宝、玛琳·黛德丽、贝蒂·戴维斯和琼·克劳馥等众明星在银幕上熠熠发光的形象，由此推介了大量的富有创意的华丽手链和手镯。二战期间，宝石和贵重金属的供应日益短缺，被视为军事战略物资的金属铂金销声匿迹，这也让一些珠宝制造商用非珍贵材料模仿法国著名品牌的作品，以满足广大女性渴望拥有银幕上风格形象的需求。相反，法国高级时装设计师们摒弃仿制珠宝，转而专注于高级时装首饰，这也成为不同时装设计师的特点。富尔科·迪·韦尔杜拉为可可·香奈儿设计了许多壮丽的色彩对比鲜明的作品，如马耳他十字架手镯。可可·香奈儿偏爱人造首饰，并将其作为自己的标志。

玛瑙勾勒出玉石，钻石镶嵌在雕刻珊瑚上，锡兰凸圆形蓝宝石与缅甸红宝石一一呼应，所有这些构思都与新艺术时期宝石风格相去甚远。

吊坠手链的时尚始于 20 世纪 20 年代，直到 50 至 60 年代才逐渐流行起来，当时吊坠手链已经成为随身佩戴的幸运物或旅游纪念品。

在 20 世纪 30 年代，法国生产的珠宝首饰是当时的时尚主导，装饰艺术风格的几何线条趋于柔化，同时人们对"全白"外观情有独钟。因此，巴黎珠宝巨匠制作的手镯成为特色，这些手镯大多采用铂金镶钻工艺。这股潮流在二战前十年盛行，并继续影响着当代珠宝的设计和制作。如今，仍有珠宝公

卡地亚铂金手镯
镶嵌钻石和水晶，巴黎 1930 年
卡地亚典藏 © 卡地亚 玛丽安·杰拉德拍摄

卡地亚铂金手链
圆形老式切和玫瑰式切钻石，巴黎 1923 年
卡地亚典藏 © 卡地亚 文森特·伍尔韦里克拍摄

梵克雅宝
黄金拉链项链，可转换成手链
镶嵌钻石，1940—1950 年

科罗时装手镯
黄铜和蓝色玻璃，1940 年

富尔科·迪·韦尔杜拉是首批重新采用黄金和彩色宝石的设计师之一，摒弃了 20 世纪 30 年代占主导地位的铂金和钻石的组合。二战后欧洲供应的手镯尺寸带有明显的美国遗风，为了与 20 世纪 40—50 年代的女性丰满形象保持一致，手镯变成了铰接式链条，黄金是无可争议的主角，宽大、柔软、圆润的形状极富炫耀感。如宽版的"坦克"手镯，让人联想到运行中的履带，以及梵克雅宝以路易·雅宝昵称命名的"Ludo"手镯，形同高级定制时装的腰间饰带，六边形的砖状网纹铰接而成缎带般手镯，宝石镶嵌在星芒里，并以大型搭扣扣合。同时引人瞩目的还有梵克雅宝的另一款标志性珠宝 Zip 拉链手镯，这是当年公司艺术总监芮妮·普伊桑从

时装的拉链中汲取灵感的非凡杰作。这款令人惊叹的珠宝在拉开时是一条项链，合上时也可以作为手链佩戴。20 世纪 50 年代，这款珠宝以不同的形式重新亮相，如今它仍然是法国珠宝制造商的独特原型。

装饰艺术时期的铂金手链
镶嵌钻石和红宝石，约 1925 年

梵克雅宝"Ludo"黄金手链
隐密式镶嵌蓝宝石
1940—1950 年

黄金坦克手链，1940—1950 年

富尔科·迪·韦尔杜拉 黄金抛光手镯，马耳他珐琅十字架，镶嵌珍珠、钻石和彩色宝石，约 1950 年

铂金钻石手链
镶嵌祖母绿，1920—1930 年

汉斯·霍莱因黄金手镯
克莱托·穆纳里制作，1986 年

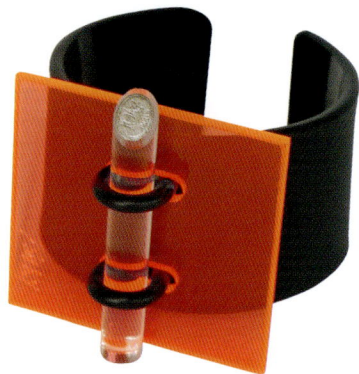

伊崎有机玻璃手链
巴黎约 1980 年

俏皮设计感的手镯和
手腕雕塑

20 世纪 60 年代末期和 20 世纪 70 年代珠宝首饰开始与奢华渐行渐远，将非贵重珠宝作为重要的形式和美学语言的载体。设计师的形象取代了金匠的形象，以至于时尚界和艺术界的重要人物都尝试制作"简陋"但大胆、时髦、具有突破性讽刺意味的手镯。这些手镯中既有装有便携式晶体管的"无线电手镯"，也有帕科·拉班纳为迪奥、巴黎世家和纪梵希设计的荧光塑料、木质和铝质的"反传统珠宝"，纯几何形状，如方形、圆形和螺旋形的手镯，所有这些都符合 20 世纪 70 年代疯狂不羁的风格。卡丹、库雷热、朗凡和昂加罗在自己的精品店出售的高级定制首饰，越来越注重将首饰作为配饰，使其与整体造型相匹配。在这几十年中，高级珠宝一直保持着形式上的昂贵和繁复的外形，而这一时期的艺术品则追求装饰品的自我表达，这是珠宝首饰领域最大胆的尝试之一。一些艺术家和设计师注重金属和宝石的表现力，使用不规则和不寻常的形状来创作作品。

这些被誉为"建筑结构的正式练习"为克莱托·穆纳里在 1984 年组织的一次集体展览提供了素材，这次展览展出了几位著名建筑师的珠宝设计项目。这是后现代派意大利珠宝的首次亮相，也确认了设计师和艺术

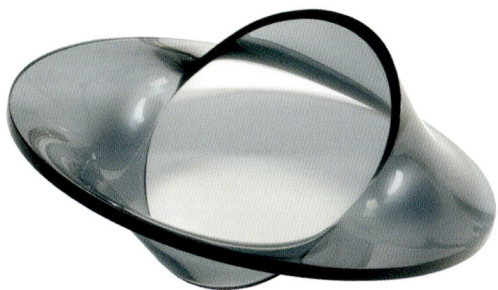

吉斯·巴克 "圆中之圆" 亚克力手镯
比利时 1967 年

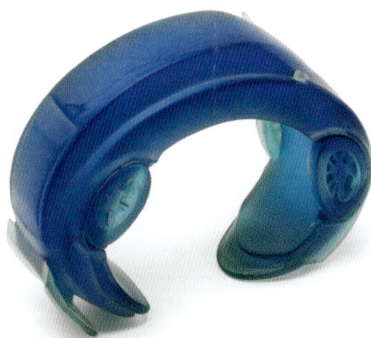

吉斯·巴克 "保时捷" 模具聚酯手镯
荷兰 2002 年

© 英国 V&A 博物馆 伦敦

张磊
亚克力和树脂手镯
2004 年

家们对珠宝的浓厚兴趣。设计师的展品注重作品的形状和体积，而不是其可穿戴性，仿佛那些手镯是从身体中解放出来的雕塑。例如，埃托雷·索特萨斯的手镯是一个由正方形围成的圆形，让人联想到罗马万神殿的布局；汉斯·霍莱因用机械元素制成的"手铐"。

　　20 世纪 90 年代后期，多元风格、形状和材料的选用，塑造了当代珠宝。出现了"表现主义"手镯、"极简主义"手镯、"表演"手镯、"战利品"手镯等品种，这些装饰品与佩戴者的身体无关，而是将珠宝从手镯的功能中解放出来，成为一种纯粹的图形标志，就像一些金匠大师所做的人体雕

塑。吉斯·巴克是第一批尝试用非贵重材料系列复制珠宝的珠宝艺术家之一，他设计的"圆中之圆"手镯具有纯粹的圆形和人体工程学形状。张磊的手镯则在雕塑和装饰品之间游离，他将亚克力和树脂这样的普通材料变为珍品，创造出独一无二、极具想象力和表现力的作品。他的作品既可以随心所欲地佩戴，也可以作为雕塑来欣赏！现在令人思索的问题是：珠宝究竟是值得欣赏的艺术杰作，还是点缀我们身体和生活的物品，抑或两者皆是？

手链／手镯佩戴的造型示范

完美的形状

　　历史遗留下来的"良好举止"礼仪有很多规定。例如，在20世纪50—60年代有建议是晚上不要佩戴黄金手镯，不要只佩戴符号吊坠的手链而不佩戴其他首饰，也不要夸张地在两只手腕上佩戴多个手镯！今天，我们的想象力不再受限，我们可以利用无限多样的形状和材料，对它们进行调整，以增强我们的与众不同，但又不造成美学上的不和谐，从而尽可能有效地表达我们的个性。当下手镯仍然是最受人喜爱的，可以根据心情和环境选择的最佳珠宝，它可以不拘一格、也可以充满童趣。无论如何，盲目追随潮流未必是明智之选，建议在选择手镯时，要根据自己的气质和个性，精心挑选，并保持良好的品味。

　　每种手镯都能突出我们身体的某些细节，因此必须了解如何根据手腕和手臂的形状以及与服装的搭配来选择手镯。宽版硬质的袖扣式手镯会直接扣住手腕，有种禁锢前臂的感觉，所以不建议那些手腕较粗和前臂不够细长的人佩戴。

　　相反，柔软的链条形状、针织布料的手链适合身材较健壮的人佩戴。符号吊坠手链一直都很时髦，它不仅用来装饰，更可以让佩戴者定制不同符号的吊坠系列，以纪念某个特殊时刻、旅程、转折点，或者某个特别钟爱或收藏的主题或物品，还可以起到护身符作用以驱除烦恼。钻石网球手链是许多女性的必备之物，自成一派。它的辉煌与网球运动员克里斯·埃弗特有关。1978 年，她在美国网球公开赛中因要求找回飞出赛场的钻石手链而中止了一场比赛。从那时起，网球这个名词就和精细的钻石手链结下了不解之缘。其实，在装饰艺术时期，钻石手链就因其"无穷无尽"的钻石系列而被称为"永恒"。多年来，钻石手链不断翻新，演绎出千变万化的款式。它线条优美、质地珍贵、明亮易戴、用途广泛，既可以搭配高贵典雅的晚装，也可以搭配牛仔裤和 T 恤等休闲服饰。不过，对于那些手腕较粗的人来说，一条网球手链几乎不会引人注目。如果想要创建自己的独特风格，可以将两三条不同颜色的网球手链组合在一起，选用不同颜色的 K 金、不同切工和颜色的宝石，或许还可以搭配一条古董手链，但只戴在一只手腕上，形成一组独特的首饰。因为这些都是昂贵的珠宝，所以在购买前要仔细评估。除了认清钻石的证书，还要检查镶嵌以及铰接工艺，确保手链平整光滑，可以在紧握拳头时自由转动。优质的宝石镶嵌让宝石有安全感，不会脱落，同时也要检查手链的搭扣是否超级安全或者有双保险装置。

单独佩戴或作为穿搭的一部分

搭配不同面料、色彩斑斓的服装时，最好选择单一颜色的手链；如果追求脱颖而出的效果，您不妨选择不同大小和形状、更醒目、更炫丽的手链。但有一点要注意：只有在手部不需要"繁忙工作"的时候，才可以选择非常宽版、粗旷型的手链或符号吊坠手链，否则，它们肯定会碍手碍脚！想要吸引眼球，让人眼前一亮吗？佩戴一条宽版和硬质的黄金手链并镶嵌珍贵彩色宝石，链接平整灵活，环环相扣，搭配中性或单色礼服，此刻一件足够，无须佩戴其他珠宝。有些特殊场合，如穿上无袖的礼服，时尚出众的选择是佩戴一条醒目靓丽的臂饰，再佩戴一枚同系列的戒指，以突出珠宝搭配的重要性。

避免将软质手链和硬质手镯搭配在一起（通常软质手链会悬落在靠近手腕的关节部位），或者同时佩戴多种不同材质的手镯，这样会造成风格混杂的局面，可能没有一种手镯能脱颖而出。正如香奈儿女士所言：永远做减法，而不是加法！

在当今的流行趋势中，许多明星和模特都佩戴着各式各样、不拘一格的手镯和配饰，简直就是一场真正的"手臂派对"。如果您想复制这种效果，可以混合搭配不同色调、比例、形状和装饰元素的手镯，创造出更加和谐的效果。如果您想玩转手镯，那就大胆尝试吧，但请记住，这就是一个有趣的游戏！

您可以将艾里斯·阿普菲尔作为自己的时尚偶像，选择不同粗细的硬质手镯，例如，冷色调的海洋色系或暖色调的秋季色系，营造出怀旧时尚的魅力。或者选择柔软的珍珠手链，与白金或白银的细圆环手链叠戴，营造出精致的外观，或者选择黑白相间的手链，中间穿插花朵，营造出装饰性的视觉效果。

符号吊坠的手链会让人感觉比较轻松，如果与其他链条搭配，最好它们由相同的金属制成。像祖父辈的表链款式通常配有较重的吊坠，在手腕上缠绕几圈也非常吸引人。对于那些既想佩戴手表又想佩戴手链的人来说，最好将它们戴在不同的手腕上，因为将它们戴在同一侧不仅会刮花手表表盘，还会削弱两种配饰各自的风采。

戴在裸露皮肤上还是袖套上？

毫无疑问，没有什么比戴在裸露的手臂上的手镯更可爱的了，而夏天无疑是我们最乐于裸露纤纤玉臂的季节！在前臂上戴上硬朗的手镯，搭配简约的露背直线型长裙，简直是时髦的最高境界。很显然不能同时佩戴任何其他腕饰！在穿着紧身袖子、针织连衣裙或单薄的纯色毛衣时佩戴手镯也会产生强烈的冲击力。如果是在一个浪漫的夜晚，在长丝绸手套上戴上 1 个或 2 个闪闪发光的手镯，瞬间就能营造出女神的氛围！另一方面，大重量的手镯绝对不能与蕾丝袖子、绣花袖子以及颜色过于鲜艳或娇嫩的面料搭配。

胸针

"一个人要么成为一件艺术品，要么佩戴一件艺术品。"
——奥斯卡 · 王尔德

英国文学家

卡地亚
猎豹胸针，铂金、白金、钻石
镶嵌 152.35 克拉克什米尔凸圆形蓝宝石

这个猎豹胸针是继 1948 年温莎公爵为温莎公爵夫人定制的祖母绿
猎豹胸针之后的第二枚立体猎豹胸针。 1949 年法国巴黎
卡地亚典藏 © 卡地亚 文森特·伍尔韦里克拍摄

从骨针到金属"蝎子"胸针

　　胸针是一种非常特殊的装饰品。事实上它与其他珠宝不同，胸针的诞生是为了满足将衣服的毛边固定在一起的功能性需求。因此，它的起源并不像其他珠宝那样具有宗教仪式或者神奇功能的动机。在成为装饰品之前，新石器时代遗址中发现的胸针是用野生或驯养动物的胫骨和腓骨制成的。这种物件最初的意大利语为骨针（spilla），很可能源自拉丁语中对小腿骨的称呼，即"腓骨"（spilla）。随着时间的推移，以及文化和风格的转变，胸针具有了与其原始实用功能完全不同的特征。渐渐地，胸针变成了一种镶嵌宝石的装饰品，可以别在胸前，或者用珍贵的羽毛制成，可以系在领带上、夹住围巾、营造出衬托衣服的褶裥。它的形状有蝴蝶结、月牙形、心形、花束形；可以是拟人化或动物化的表现方式，既可以描绘日常所见也可以象征性地诠释爱情。无论是流畅的线条还是绽放的花卉，从自然风格到几何艺术化，胸针的形状和色彩日趋多样化，甚至成为抽象的雕塑，但无论如何变化，它始终遵循其制作时期的风格，诠释着每种艺术文明的传统、技艺和品味。

　　胸针的故事始于大约五千年前，史前的地中海人利用革命性的冶金技术，将古老的骨针演变成了金属制品。青铜、铁和黄金被熔化成各种片状和点状，安装上长条形扣针用作装饰品，这种扣针胸针在整个中世纪都被使用。由于广受欢迎，而且形状和形态千变万化，扣针胸针成为最迷人和最重要的装饰品之一。事实上，扣针胸针还被用作以殉葬品证古代文明遗址年代的考古依据。扣针胸针最简单的形状被称为"小提琴弓"，它由一根针、一个弹簧、一个弓和一根挡住针尖的杆组成。随着时间的推移，弓的形状发生了变化，从而形成了各种类型和名称的扣针：当弓的后半部弯曲成扭结的龙形时，就产生了"龙形弓"；如果弓身肥大，看起来肿胀，上面镶嵌着琥珀、珊瑚或者动物造型，就被称为"水蛭弓"。后来，又演变成著名的"弓弩"扣针设计，它利用了螺旋弹簧的灵活性，或者演变成"船形"或"蝎子"搭扣，针尖向后弯曲以触碰到弓。这种"蝎子"搭扣取代了所有其他形式的扣针，并完全决定了这种珠宝的后期演变走向。古希腊和伊特鲁里亚的服装都是用柔软的材质制成的，必须使用扣针来固定，所以这种扣针胸针展现了功能性以及高艺术质量的精美黄金工艺。后来，在罗马帝国时期，当外衣和长袍可以不再使用其他外部搭扣了，扣针胸针便开始扮演纯粹的装饰角色。

龙形青铜扣针胸针
公元前 700—公元前 650 年
© 美国大都会艺术博物馆 纽约

泰纳形扣针胸针，被称为"布拉干萨"，用钿金制成，装饰着裸体战士与狗战斗的形象。
胸针可能是由一位活跃在伊比利亚半岛的希腊工匠制作的
© 英国大英博物馆 伦敦

黄金扣针胸针，蚂蟥图腾和回形纹，造粒工艺
伊特鲁里亚，公元前 7 世纪
© 美国大都会艺术博物馆 纽约

黄金龙纹扣针胸针
伊特鲁里亚，公元前 7 世纪
© 美国大都会艺术博物馆 纽约

铸青铜扣针胸针，弓上有三只小猴子
前罗马时期维罗纳，公元前 7 世纪
© 考古公民博物馆 科洛尼亚韦内塔

维拉诺万青铜扣针胸针，弓上有三只鸟
伊特鲁里亚时期，公元前 8 世纪
© 普林斯顿艺术博物馆

原始的扣针胸针变成了精雕细琢的文艺复兴杰作

黄金缟玛瑙浮雕胸针，镶嵌红宝石
西班牙 14—15 世纪
© 英国 V&A 博物馆 伦敦

在民族迁徙的过程中，黄金或镀金青铜片上开始镶嵌彩色宝石，扣针胸针获得了新的装饰和变形，与之前的款式有了色调上的差，别。马赛克图案和景泰蓝珐琅使宝石更加突出和有明亮感，而这些宝石也是根据其神奇的疗愈功效来选择的。圆盘形、喇叭尾鸟形、八角形和 S 形的胸针，色彩鲜艳被固定在肩部或胸部中央。到了中世纪晚期，胸针不再只限于功能性用途，而是成为最时髦的珠宝之一。在北欧珠宝中，环形胸针大受欢迎，但心形和四叶形胸针也比比皆是，上面通常刻有拥有者的名字、宗教格言或情感箴言。例如，"saunz departir"（不分离），这种文字是对理想化爱情骑士主题的引用。镶嵌宝石或罗马古典时期浮雕的圆盘胸针在 14 世纪和 15 世纪继续受到青睐，男性佩戴在肩上或毛皮帽上，女性则用来固定貂皮披肩。在 15 世纪的勃艮第公爵宫廷中，胸针尤为流行，在那里胸针第一次拥有了真正珍贵珠宝的特权。胸针采用雕刻技术、錾刻工艺和珐琅彩绘（这种独特而昂贵的珐琅彩绘，大约出现在 13 世纪末）等精湛工艺，再现了微型的三维立体效果，独角兽、鹰、狗、金丝雀、宫廷仕女，大部分或全部由珐琅制作。到了文艺复兴时期，胸针的作用微乎其微。古典完美的追求顺应了新的审美要求，这也极大地影响了当时金匠的创作。在文艺复兴时期，珠宝不再炫耀富丽堂皇，而必须与女性优雅的服装和发型完美地融合在一起。因此，中世纪固有形式的胸针很快就被文艺复兴时期突出时尚领口的精致吊坠所取代。

镶嵌石榴石的青铜胸针，法国 6 世纪
© 英国 V&A 博物馆 伦敦

隆巴德银和金胸针，镶嵌半宝石
意大利北部，7 世纪
© 国家考古博物馆 弗留利奇维达莱

盎格鲁·撒克逊镀金银圆盘胸针，镶有石榴石
© 英国大英博物馆 受托人

黄金珐琅胸针，勃艮第制造
1430—1440 年
© 奥地利艺术史博物馆 维也纳

黄金珐琅胸针，刻有"不分离"铭文
英国或法国 15 世纪初
© 英国 V&A 博物馆 伦敦

巴洛克风格的
奇特和路易十四时期
服装领口上闪闪发光的蝴蝶结

16 世纪末至 17 世纪初，胸针的形状千奇百怪，融合了文艺复兴时期的幻想和巴洛克时期的良好品味。非常大的巴洛克风格珍珠垂坠在胸针复杂图案的中心点，被固定在衣服和头饰上，这些胸针通常描绘的是怪诞的人物和奇异的生物。在意大利佛罗伦萨、法国和西班牙的工坊中，金匠创造的想象力和精湛的工艺达到了顶峰。这些艺术家使用从海外殖民地带到欧洲的钻石、红宝石和祖母绿，并改进了宝石的切割技术突出了亮丽的色彩。许多 17 世纪的肖像画都展示了人物佩戴有一个或多个垂坠胸针，这些垂坠胸针固定在女士上衣的中央，和蕾丝、锦缎一起成为那个时期女装最重要的组成部分。

黄金珐琅胸针，镶嵌红宝石、祖母绿、
钻石和珍珠，德国 1610—1620 年
© 英国 V&A 博物馆 伦敦

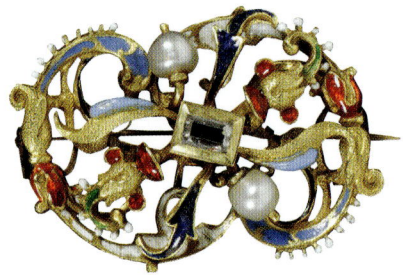

黄金珐琅胸针
镶嵌钻石和珍珠，德国 1610—1620 年
© 英国 V&A 特博物馆 伦敦

黄金珐琅胸针，镶嵌钻石
布拉格 1630—1640 年
© 英国 V&A 博物馆 伦敦

银胸针，镶嵌水晶
欧洲 17 世纪末
© 英国 V&A 博物馆 伦敦

17 世纪，更加优美的花饰风格成为珠宝设计中最受欢迎的主题，而细腻的花卉和植物图案展示了珠宝设计师的创造力。路易十四的宫廷中出现了一种新的时尚：宫廷贵族的领口缀满了镶嵌大量钻石的珠宝，用其取代了文艺复兴时期流行的精美垂坠。1600年，从印度和巴西的矿山运来了大量的钻石原石，从 17 世纪中叶开始，由于发明了一种新的明亮式切割法，即在冠部刻有三十三面，在亭部刻有二十五面，这样使得钻石异常明亮。那时大多数珠宝都是用银而不是金镶嵌的，以进一步突出钻石的透明光泽和大小。在北欧，富有的资产阶级有在宽边帽上别上珍贵扣环的时尚，这让人联想起印度统治者佩戴的头巾饰品。1600 年初，英国和荷兰的贸易公司已经在印度成立，这种时尚率先在印度的商人和珠宝商中盛行。

"花饰"或"冠羽"也在这一时期流行起来。这些大胸针刻画了极为逼真的花朵和羽毛，灵感萌发于东方羽毛饰品以及精致和繁复的发型造型。19 世纪末至 20 世纪初，这种头饰再次流行起来，令美好年代的女士们欣喜不已。当然在风格和材料上不可避免地发生了变化，这也印证了时尚总是在历史进程中不断循环的。

18 世纪末，为了在重要场合突出胸部而设计的花饰胸针大受欢迎。这些胸针被称为"三角胸衣胸针"，系在领口下方的紧身胸衣上。三角胸衣胸针通常由 2 到 3 个独立的部分组成，形成花环或丝带花束，也可以拆

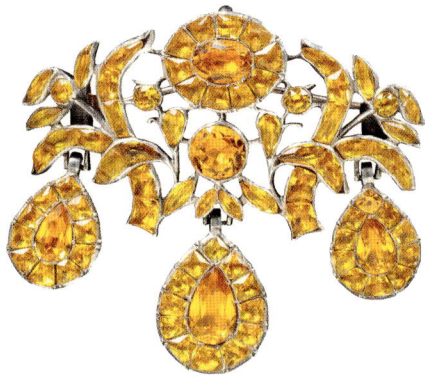

银胸针镶嵌黄色玻璃，法国 1740—1750 年
© 英国 V&A 博物馆 伦敦

银胸针镶嵌钻石和欧泊，欧洲 1760—1780 年
© 英国 V&A 博物馆 伦敦

维森特·洛佩斯·波尔塔尼亚，两西西里的
玛丽亚·克里斯蒂娜·博伯恩，1830 年
普拉多国家博物馆 马德里

黄金和银三角胸衣胸针，镶嵌祖母绿和钻石
西班牙 18 世纪
© 劳伦斯·苏利·焦尔梅斯装饰艺术

开单独佩戴。三角胸衣胸针在整个 19 世纪都在使用，在 20 世纪初的爱德华时期重新成为时尚。日用珠宝和社交场合晚装珠宝的区别始于洛可可时期，一直持续到 1900 年。钻石胸针搭配昂贵的珠宝套装，受到追求时尚的皇宫贵族青睐。对钻石的迫切需求催生了许多仿制品。1730 年前后，路易十五的珠宝商乔治·弗雷德里克·斯特拉斯开发出刻面水晶，作为钻石的替代品。这项创新非常成功，其发明者的名字也因此享誉全球，直到今天，"strass" 水钻一词仍是仿制钻石的代名词。

银胸针镶嵌金绿宝石，葡萄牙 17 世纪末
© 英国 V&A 博物馆 伦敦

黄金银胸针，镶嵌钻石和红宝石，俄国约 1780 年
© 英国 V&A 博物馆 伦敦

"塞维涅"胸针

路易十四的法国宫廷风格影响了整个欧洲。那时戴在女士胸衣上的胸针闪闪发光，有蝴蝶结、花环、丝带等造型，宛若蝴蝶和蜻蜓飞舞时的轻盈和优雅，因而非常具有吸引眼球的效果。这种胸针被称为"塞维涅"，是为了纪念一位法国贵族妇女，她是巴黎文坛的领军人物，曾在路易十四的宫廷中任职，以简单的珍珠项链在领口处叠戴大蝴蝶结而闻名。1663年，法国金匠吉尔·勒加雷出版了《艺术作品汇编》，其中包括采用这种设计的戒指、发饰和胸针的草图，该汇编也成为18世纪制作胸针的参考资料。最初，这种精致胸针的特点是选用珍珠、悬坠宝石和特殊珐琅工艺。1600年末，勃兰登堡胸针开始流行：一种横向的长形胸针，具有普鲁士军事装饰风格，与塞维涅胸针相似，但没有悬挂的环状饰物，宝石排列更加紧凑修长。这种塞维涅胸针的新替代品立即

受到了宫廷女士们的青睐。到了18世纪，胸针形状变得更加不对称，融入了彩色丝带和小束鲜花。通常，紧身胸衣上会按尺寸从大到小的顺序一起佩戴几个匹配的胸针，以吸引人们的注意，并让人们不经意地瞥一眼佩戴者诱人的大坎肩。

蝴蝶结胸针一直流行到19世纪甚至更久。1847年在巴黎成立的卡地亚公司用珍贵的材料制作出了重要的胸针作品，款式层出不穷，堪称贵重珠宝的"全景图"，重现了18世纪的风格与辉煌："花环式"的"新洛可可式"胸针，带有"花饰"的"塞维涅"胸针和"三角胸衣"胸针。蝴蝶结饰品的受欢迎程度从装饰艺术时期直到20世纪50年代从未减退，精美的蝴蝶结饰品都是用钻石、蓝宝石、祖母绿或闪闪发亮的黄金制作而成，柔软的蝴蝶结和流线型的绳结，与飘带的灵感同出一辙。

银蝴蝶结胸针
镶嵌钻石，1760 年

维多利亚时代银蝴蝶结胸针
镶嵌钻石和珍珠，1890—1900 年

塞维涅银胸针，镶嵌珍珠和红宝石
法国 1600 年后期

▼ 克劳德·勒费弗尔，塞维涅夫人
1665 年

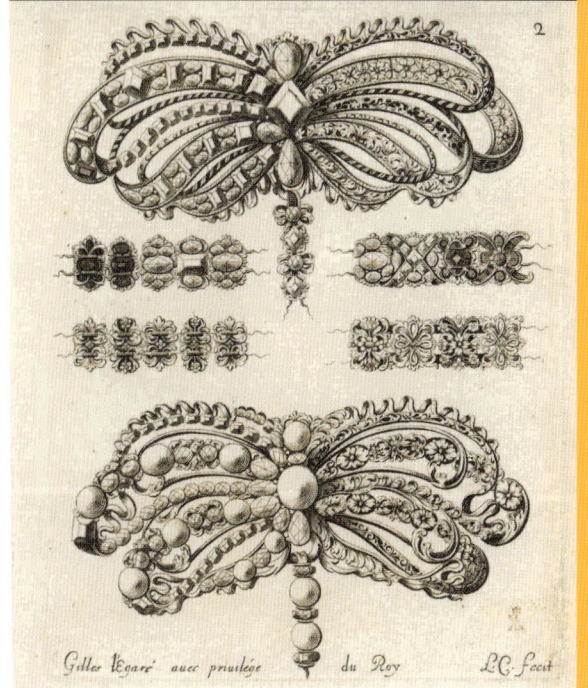

▲ 吉尔·勒加雷出版了《艺术作品汇编》
巴黎第二版，1663 年

法国大革命后的节制与意大利纪念品

黄金胸针，镶有三个珊瑚浮雕，19 世纪初
安东尼诺·德·西蒙尼系列
© 艺术档案 普蒂奇尼拍摄

浮雕胸针，黄金装饰框，1810—1820 年
© 英国 V&A 博物馆 伦敦

洛可可式的华丽褪去后，法国大革命和英国工业革命改变了珠宝的整体角色，因此也改变了胸针的角色。资产阶级和革命后的文化精英被赫库兰尼姆和庞贝古城的罗马考古发现所吸引，他们选择了新古典主义风格来代表当时的品味，温和、素雅的珠宝更适合其流畅、解构的时尚风格，摆脱了束缚和死板的紧身衣。这是雕刻艺术的黄金时代，沙丁鱼贝雕、熔岩石和珊瑚浮雕大受欢迎，尤其是罗马和那不勒斯的浮雕，它们带有古代古典风格的痕迹，但又融入了新的精神和新古典主义的烙印。从 18 世纪末到整个 19 世纪，均衡、庄重和优雅是雕刻艺术的标志，对这一技艺的兴趣蔓延到欧洲所有宫廷，熏陶了受过良好教育的女性大众的品味。拿破仑的妹妹波利娜·波拿巴、曾短期担任那不勒斯王后的卡罗琳娜·波拿巴·缪拉以及拿破仑一世的第一任妻子约瑟芬·德·博阿尔奈·波拿巴皇后都佩戴着浮雕皇冠和将胸针佩戴在腰带上，突出

微型马赛克胸针，描绘了罗马圣彼得广场
1850 年
私人收藏

了帝国风格的高腰礼服。这些"壮游"的纪念品迎合了人们对历史记忆的崇拜，深受旅行中的欧洲资产阶级的喜爱。这些胸针描绘的是古罗马废墟或意大利城市尤其是罗马和那不勒斯的古迹景观，采用半宝石微马赛克工艺制作，金属框固定雕刻件。从 19 世纪中期开始，消费者需求的增加和技术的革新引发了胸针的语义革命。新的工业方法和新的材料（如铁和铸铁模压成的固定部件）意味着减少了镶嵌宝石和组装部件所需的体力劳动，因此可以为各行各业的人们提供更便宜的产品。胸针的灵感仍然来自 18 世纪和洛可可风格，现在又增加了彩石和阿拉伯式装饰图案。19 世纪初，德国开发出了铁艺胸针，将古典蕾丝和哥特式图案融合在浅色和单色铁质中，尤其适合在服丧期间佩戴。19 世纪中叶，法国金匠奥斯卡·马辛发明了

压花金片胸针，镶有石榴石
英格兰，1835 年
© 英国 V&A 博物馆 伦敦

铸铁胸针装饰有地中海灵感的图腾
19 世纪初
© 英国 V&A 博物馆 伦敦

金银胸针镶嵌钻石
19 世纪末
© 英国 V&A 博物馆 伦敦

"花、水果、树叶"风格珊瑚胸针
那不勒斯 1860—1870 年
珊瑚博物馆 恩佐·利维里诺系列
@ 艺术档案 普蒂奇尼拍摄

奥斯卡·马辛 颤动花
银镶钻胸针，1850 年

一种名为"颤动"的镶嵌法，这种镶嵌法的特点是在颤动的位置镶嵌钻石花朵，营造出钻石悬浮在空中的错觉。在 19 世纪下半叶的法国，以玫瑰、海葵、山谷百合以及蝴蝶和甲虫为主题的自然主义胸针风靡一时。浪漫主义的爆发掀起了对过去的怀念，其古典主义的烙印主要来自罗马和伊特鲁里亚的格调。考古学的复兴促使那不勒斯雕刻师更加仔细地观察赫库兰尼姆和庞贝挖掘出的珠宝，并利用其装饰和古代工艺（如造粒）提供的风格线索，对其进行严格复制。在 20世纪最后一个阶段，浪漫自然主义回归，珠宝流行"花、水果、树叶"等造型，其特点是主要用意大利西西里岛海岸附近的 夏卡海底矿床出产的粉色 / 橙色珊瑚制作形态丰富的花束。

黄金微型马赛克胸针
罗马 1860 年
© 英国 V&A 博物馆 伦敦

黄金胸针，玻璃盖下藏有头发
英格兰 1855 年
© 英国 V&A 博物馆 伦敦

黄金珐琅胸针，镶有象征永恒爱情的红玉髓、
珍珠和祖母绿，法国 1820 年
© 英国 V&A 博物馆 伦敦

情感意义的胸针

心形黄金珐琅胸针，法国 15 世纪
© 英国 V&A 博物馆 伦敦

　　从 17 世纪中叶开始，人们开始注重精神价值，以此来抵制宫廷和贵族社会生活中的矫揉造作。这种新风气促进了情感珠宝的使用，尤其是在白天佩戴。

　　在维多利亚时代的英国，赋予珠宝浪漫主义的感伤情调，成为一种风尚，尤其是胸针以象征性的意义，揭示情感、爱情纽带、友谊、纪念和对逝者的怀念。19 世纪在胸针的设计上选用丘比特、献给爱人的书信、挂锁、燃烧的火炬和各种各样的心形图案作为表达情感的象征符号，宣扬永恒之爱的主题。自中世纪以来，心形图案在许多珠宝中一直代表着爱，但在维多利亚时期的情感珠宝中，它具有了一种全新的、独特的含义：它是将赠与者和接受者联系在一起的情感纽带，拥有永恒的价值。19 世纪的胸针还表

达了对逝者的缅怀和悼念之情，完全属于哀悼珠宝的范畴。它们装饰着新古典主义风格的骨灰瓮、基座和方尖碑、庆典格言和安慰性文字，也加入了更为传统的天使和垂柳元素。

　　1861 年阿尔伯特亲王逝世后，维多利亚女王开始了漫长的孀居生活，哀悼珠宝成为一个时代和社会情感的参照典范。悼念活动要求避免鲜艳的色彩，而被称为"黑玉"的材料，其实是褐煤浸渍沥青，乌黑发亮的颜色完美地满足了人们对珠宝的需求，又能表现出谦逊和优雅的特质。黑玉被建模、雕刻和打磨，可以制作成浮雕，雕刻玫瑰和其他适合描绘纪念符号的元素和形状。此外，还使用了其他价值较低的材料，如爱尔兰沼泽橡木、硫铁矿，以及与煤、沥青和虫胶混合

黄金胸针，镶嵌珍珠和头发、象牙水彩画
贴有金箔，英格兰 19 世纪末
© 英国 V&A 博物馆 伦敦

镂空银胸针，镶嵌玫瑰切盒明亮切钻石红
宝石、头发上饰有珐琅，英格兰 1754 年
© 英国 V&A 博物馆 伦敦

黄金珐琅胸针，象牙水彩画上饰有头发
描绘了守护骨灰盒的人
英格兰 1790—1800 年
© 英国 V&A 博物馆 伦敦

黄金胸针，镶嵌珍珠、黑玉和内含辫状头发
英格兰 1818 年
© 英国 V&A 博物馆 伦敦

成可塑糊状的喷气加工废粉。那个时期有一
种胸针很令人回味，就是小玻璃盒装着亲人
的头发丝。头发一直被认为与巫术有关，是
生命力的源泉，早在 18 世纪就被用于情感
首饰中，在 19 世纪再次崭露头角。头发成
为首饰的基础要素，排列成或复杂或简单的
编织图案，或切割成碎片，融入精致的绘画
中。有一些标本是由专业人士制作的，但许
多妇女选择亲自加工她们所爱之人的头发，
使用胶来固定和保护她们的作品。

黑玉悼念胸针
英格兰 1870 年
© 英国 V&A 博物馆 伦敦

这些饱含深情的胸针被视为"感情的圣
物"，佩戴在维多利亚时代紧身而又纯洁的
上衣上，用于扣紧衣领。佩戴这样的胸针是
为了爱护生者和缅怀逝者。因颂扬深厚感情
得以保存下来，充分说明了它们在当时具有
重要的社会意义。

黑玉悼念胸针，一只手持着红豆杉花环
这是与墓地和哀悼有关的植物
英格兰 1875 年
© 英国 V&A 博物馆 伦敦

雷内·莱俪
黄金珐琅胸针，镶嵌钻石，1904—1906 年
© 荷兰国立美术馆 阿姆斯特丹

蜻蜓金银胸针，镶嵌祖母绿，约 1890 年
© 荷兰国家博物馆 阿姆斯特丹

从标新立异的新艺术
到生机盎然的几何装饰

雷内·莱俪
黄金空窗珐琅胸针，镶有石版石和巴洛
克风格珍珠，法国 1897—1899 年
© 荷兰国立美术馆 阿姆斯特丹

菲利普·沃尔弗斯
黄金空窗珐琅胸针，镶嵌钻石和红宝石
比利时 1905—1907 年
© 英国 V&A 博物馆 伦敦

　　20 世纪伊始带来了新的风格和态度。在这一时期，一场艺术运动席卷了整个欧洲，推崇艺术产品的质量，取代日益衰落的工业化大生产，但各个国家各有不同的名称，比如法国新艺术时期，比利时新艺术运动，意大利自由主义运动，英格兰现代风格运动，德国新艺术风格，奥地利新时期风格，西班牙现代主义运动。这场"现代主义"运动认为手工艺品不是专门为少数精英创造，而是一种高品质的产品，经过精心设计并有能力批量生产，适合每个人。

　　在新艺术风格的推动下，珠宝首饰经历了一个彻底变革的阶段，从大自然的形状和色彩中汲取灵感。新技术的出现丰富了珠宝的内涵，如透视和半透明的空窗珐琅，以及新材料的引入，如珊瑚、象牙、牛角、玻璃、铜和钢。相反，钻石和其他宝石则退居次要地位。法国艺术家雷内·莱俪是无可争议的新艺术天才，他创造了一种新的珠宝风格，将自然和象征主义融合在一种诗情画意的关系中，顺应了 20 世纪初风行的自由和轻盈的女性主义。

　　新艺术运动中的奥地利工匠在英国工艺美术运动的启发下，采用了工整的结构、组合的形式和极简的装饰，其预示了后来发展出来的装饰艺术的许多主题，这种风格的特点是装饰极简、色彩大胆和制作精良。受立体主义和未来主义的影响，曾经新艺术流派的繁花似锦和流畅线条变成了理性严谨的线性几何图形，彻底改变了对形状和空间的诠释方式。

三枚装饰艺术风格的插针式铂金胸针
镶嵌宝石，1925—1930 年

卡地亚 奇美拉插针式胸针
黄金铂金和珐琅，镶嵌珊瑚、祖母绿、钻石、
镐玛瑙、珍珠，巴黎 1923 年
卡地亚典藏 © 卡地亚 文森特·伍尔韦里克拍摄

宝诗龙 白金三角胸衣胸针
镶嵌青金石、镐玛瑙、绿松石、珊瑚、翡翠、
钻石 由吕西安·希尔兹设计，巴黎 1925 年
© 吕西安·希尔兹

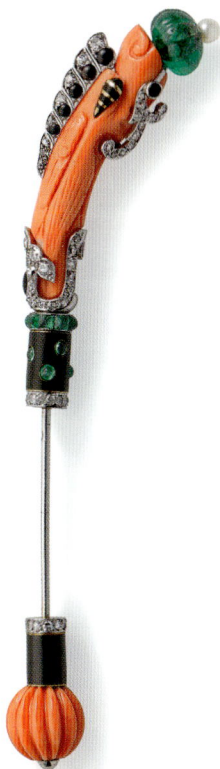

　　镶有大颗宝石的胸针以抽象的立体形式呈现，结合了闪亮和哑光的处理，拥有鲜明的色调和之字形截面。还有一些胸针被设计成非常严谨的色块，而大件胸针则遵循了"珠宝大至远处即可辨认，而微型必将无有踪影"的理论。铂金、钻石和镐玛瑙制成的胸针在白和黑的组合里，体现冷静却充满活力，被称为插针式胸针，长插针的两端镶有珍贵的宝石，插针通常比较长，甚至可达 30 厘米。它被别在圆顶帽或甜甜圈形的衣领上，与简洁的轮廓和活力女性相得益彰。

　　宝诗龙用一系列花哨的胸针诠释了装饰风格，其中一些胸针是由法国象征主义设计师吕西安·希尔兹设计的。而那款三角胸衣胸针，选用青金石、珊瑚、翡翠、绿松石和镐玛瑙，并用钻石镶边。它于 1925 年在巴黎国际装饰艺术博览会上一经展出，立即成为装饰艺术的典范。

　　在 1925 年的同一届国际装饰艺术博览会上，卡地亚一鸣惊人，成为非同寻常的美学大师，带来了独特的风格和优雅的魅力，并在随后的几十年中传承风格一直延续至今。当时展出的珠宝总结了过去二十年的艺术潮流，并预示了日后的发展趋势。卡地亚称之为"孔雀图案"的蓝色蓝宝石和绿色祖母绿的组合，是该品牌最令人惊艳和大胆的配色之一：这与雅克·卡地亚在印度旅行时欣赏到的莫卧儿王朝的珍宝有异曲同工之妙。在当年的《时尚芭莎》杂志上，德迈耶男爵对卡地亚将珍贵宝石与翡翠、缟玛瑙、珊瑚、水晶和珍珠母贝的创新结合发出了惊叹："大胆和谐的色彩再次成为卡地亚的发明，并由此取得了巨大的成功！"

　　东方的传奇魅力也让其他珠宝商更向往将玉石、珊瑚、缟玛瑙和华美的宝石结合。梵克雅宝将钻石、缟玛瑙和玉石与红宝石、祖母绿和蓝宝石交替镶嵌在一起，呈现出"箭形""尖锥形""双耳瓶形"等无限多样的胸针形状。此外梵克雅宝还为巴黎时尚女性和好莱坞女星的晚礼服设计胸针。

梵克雅宝，黄金胸针
镶嵌钻石和绿松石，约 1960 年

梵克雅宝，铂金钻石双拼胸针，约 1930 年
私人收藏

从白色装束
到好莱坞明星的金色胸针

　　1929 年在巴黎艺术宫举办的展览展示了一种新的珠宝风格，推崇白色光芒和圆润造型，摒弃了装饰主义的几何图形和强烈对比的色彩。一种新的"白色装饰主义"潮流出现了。铂金钻石胸针，勾勒出蝴蝶结、漩涡纹样和喷泉状。双拼胸针既可以佩戴在领口两侧，使肩部更加"方正"，也可以单独使用，变换成项链的或手镯的搭扣。1933年，贞·杜桑女士成为卡地亚高级珠宝部门的创意总监。有着"小猎豹"昵称的她带领卡地亚的创意设计团队，凭借时尚直觉大胆尝试，推出了众多风格鲜明的作品，如"猎豹"胸针，描绘了一只体态轻盈的猎豹，既有敏捷又有妩媚，散发出自由迷人的性情，成为法国珠宝品牌百年来的标志性作品。随后自然主义风潮中的动物珠宝开始盛行，并

在高级珠宝和时尚首饰中衍生出无数的诠释和表达。

　　1933 年，梵克雅宝注册了宝石"隐密镶嵌"的专利，这是一种非常特殊的技术，可以将宝石边缘相连，完全隐去了金属底座。温莎公爵于 1936 年赠送给温莎公爵夫人的两枚侧翼羽毛胸针就是这种工艺的代表作，其中一枚镶嵌钻石，另一枚镶嵌红宝石。使用这种工艺制作的胸针具有三维立体感，"隐密镶嵌"使珠宝更加生动逼真。玫瑰、牡丹、羽毛、枝叶和婀娜多姿的芭蕾舞者等一系列的作品都取得了很好的反响，成为 20世纪流行的主题和重要的传世之作。

　　1929 年华尔街金融危机带来的崩盘以及随后几年的"大萧条"给珠宝业带来了沉重打击，许多珠宝商开始生产非贵重珠宝，以

梵克雅宝，黄金胸针镶嵌钻石，1926 年
私人收藏

装饰艺术铂金蝴蝶结胸针
镶有珐琅和钻石，1925—1930 年

装饰艺术铂金蝴蝶结胸针
镶有雕刻水晶、钻石和蓝色蓝宝石
1925—1930 年

装饰艺术蝴蝶结白金胸针
镶有祖母绿和钻石，约 1930 年

迎合当时人们拮据的生活。美国品牌科罗和特里法里使用镀金或镀铑金属，镶嵌各色水钻、玻璃和陶石，用专利技术创作并以机械冲压方式大批量生产胸针。葛丽泰·嘉宝、玛琳·黛德丽、劳伦·巴考尔、琼·克劳馥、丽塔·海华斯在硬朗的西装上佩戴这些胸针，成为各地女性的时尚标志。

美国时装首饰胸针种类繁多，有动物、昆虫、花束和水果等，为上流社会的首饰提供了廉价的替代品。多年来，胸针一直作为配饰与裙子或大衣搭配使用，美国服装公司艾森伯格甚至向所有购买大衣的顾客赠送一枚胸针。当时与时尚密不可分的珠宝对 20 世纪 30 年代的单色风潮做出了反应，复兴了黄金这一温暖的金属。

抛光黄金蝴蝶结胸针，约 1950 年

20 世纪 40 年代和 50 年代的胸针流行与时尚和电影的推波助澜有着密切的关联。当罗马开设电影城时，意大利电影明星们在晚礼服、全新造型的礼服肩带以及美人鱼礼服的领口上佩戴黄金胸针。西西里艺术家富尔科·迪·维杜拉是香奈儿女士最喜爱的合作者之一，在一个以铂金为主导的时代，他用黄金创造出了海洋生物和贝壳形状的典雅胸针。他的作品影响了之后几十年的美国设计师，从艾尔莎·夏帕瑞丽和蒂芙尼设计师让·史隆伯杰到大卫·韦伯，其拥护者包括伊丽莎白·泰勒和肯尼迪夫人。

　　从哥本哈根到斯德哥尔摩，北欧设计师的美学与创意项目和制作研究联系在一起，从而产生了抽象和创新的胸针。19 世纪 40 年代，亚历山大·考尔德用简约成型的金属丝锤制作的雕塑胸针揭示了动力学研究与原始象征主义之间的平衡，这种风格深受现代主义艺术界知识分子的赞赏。

富尔科·迪·维杜拉
黄金胸针，镶嵌碧玺和托帕石，约 1950 年

蒂芙尼，让·史隆伯杰胸针
黄金镶嵌蓝宝石和祖母绿，约 1950 年

亚历山大·考尔德
"OK"银胸针
用捶打方式制成，乔治
亚·欧姬芙胸针仿制品

乔治亚·欧姬芙佩戴亚历山大·考尔德胸针
卡尔·范·韦希滕拍摄 1950 年
© 卡尔·范·韦希滕　由弗洛里诺顿艺术博物馆提供

蒂芙尼，让·史隆伯杰胸针
黄金镶嵌蓝宝石，约 1950 年

卡地亚 水果篮胸针，铂金，黄金，镶嵌红宝石、凸圆
形祖母绿、钻石、镐玛瑙和黑色珐琅，巴黎 1925 年
卡地亚典藏 © 卡地亚　尼克·威尔士拍摄

卡地亚 水果锦囊胸针
铂金，黄金，镶嵌长条形钻石、雕刻成叶脉的祖母
绿、红宝石和蓝宝石，1930 年出售给英国国王乔治
五世的妻子玛丽亚王后
卡地亚典藏 © 卡地亚　文森特·伍尔韦里克拍摄

卡地亚 猎豹胸针
铂金，黄金，明亮式切钻石，豹眼镶嵌
梨形切祖母绿
卡地亚典藏 © 卡地亚　尼尔斯·赫尔曼拍摄

卡地亚 火烈鸟胸针，铂金，黄金，镶嵌红宝石、
祖母绿、蓝宝石、钻石、黄水晶，温莎公爵特殊订单
巴黎 1940 年
卡地亚典藏 © 卡地亚　尼尔斯·赫尔曼拍摄

卡地亚 铂金胸针
镶嵌珊瑚、15.12 克拉钻石、凸圆形祖母绿和黑
色珐琅，纽约 1925 年
卡地亚典藏 © 卡地亚　文森特·伍尔韦里克拍摄

从波普徽章式胸针
到艺术家雕塑

金属珐琅徽章式胸针

灵感源自波普艺术家利希滕斯坦

　　20 世纪 60 年代，胸针成为年轻一代反叛的独特象征。摒弃贵重材料，青睐塑料、金属、皮革或玻璃涂层，这是一种反映意识形态的选择。五颜六色的胸针刻画出摇滚明星或政治领袖的面孔，表达了抗议和推崇和平主义，这些刻画"人造天堂"的幻觉般流行图案与波普艺术家罗伊·利希滕斯坦及安迪·沃霍尔的创作息息相关。

　　最引人注目的胸针再现了玛丽·奎恩令人眩晕的黑白光学抽象画。还有一些胸针则以印度、美洲和非洲的旅行为主题，采用了嬉皮士和花童所钟爱的理想化的遥远文化中的珠子、羽毛和木头。著名的时尚首饰设计师，如美国的特里法里和科罗，以及法国的香奈儿、迪奥和纪梵希，顺应时代的精神，

重新发现了越来越不拘一格的主题：从汽车到乐器，甚至是标志性的食品和饮料。

　　上层阶级和上流社会并不欢迎这些贫乏、非传统、挑衅性的胸针版本，他们继续青睐珍贵的珠宝，这些珠宝由黄金制成，镶嵌着品质卓越的红宝石、蓝宝石和钻石，由梵克雅宝、宝格丽、蒂芙尼和海瑞温斯顿精心挑选和制作。20 世纪 60 年代和 70 年代，被认为能带来好运的珊瑚和绿松石开始大行其道，它们被雕刻成吉祥的瓢虫或像卡地亚创作脱俗的"食牛肉者"。

　　继象征主义、超现实主义和波普艺术之后，20 世纪 70 年代有更多的艺术家开始尝试珠宝设计，他们将艺术、时尚和产品结合起来，提出了极具个性的珠宝概念，为"设

火车造型金色水晶胸针，约 1970 年

卡地亚"食牛肉者"黄金胸针
镶嵌缟玛瑙、珊瑚、玉髓和钻石，约 1960 年
© 英国 V&A 博物馆 伦敦

计师珠宝"开辟了一条道路。人们将注意力转移到那些因其表现力而非高昂的货币价值而受到重视的材料上，尤其是塑料、纸张和织物，这些材料因其设计质量而得以持续发展，从而增强了它们的意义。

20 世纪最后几十年，欧洲对贵重材料的表现力进行了研究，尤其是黄金，帕多瓦学派的大师马里奥·平顿、弗朗西斯科·帕万和吉安卡洛·巴贝托将黄金"描述"为"唤醒的物质"，通过揭示其本质来表达其价值。在荷兰，鲁特·彼得斯在其"Interno"（内部）胸针系列中创造了"哲学"空间，将珠宝与精神、宗教和炼金术等主题联系起来，以表达其原型及象征意义。从外观上看，这些胸针就像建筑穹顶一样坚固，但内部却蕴

含着珍贵、细腻的情感表达。

在当代珠宝中，胸针并没有表现出其他历史背景下的统一性类型，而是呈现出不可复制的多重意义和形式。现代设计师包括当代艺术家和珠宝商倾向于探索首饰与身体之间的互动关系，这对"胸针"这种只能佩戴在织物载体上的品种不利，放大了佩戴性的局限性。

胸针和当今的其他珠宝一样，都是极具吸引力和煽动性的物品，它激发了人们对珠宝和用于创造珠宝的新工具（设计、技术和工艺）之间关系的讨论，同时也为当今公民的道德责任（如回收利用废旧材料的责任）提供了思考的素材。加泰罗尼亚设计师拉蒙·普伊格·库亚斯通过将金属碎片、石头、

金属珐琅"LOVE"胸针，珐琅工艺
1965—1970 年
私人收藏

吉安卡洛·巴贝托　金色和蓝色颜料胸针
1993 年
私人收藏

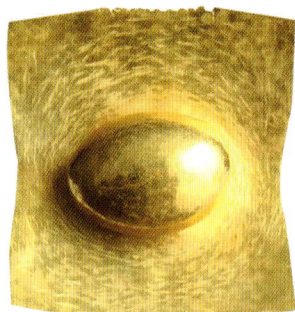

弗朗西斯科·帕万　"不完美"黄金胸针
2000 年
私人收藏

艾伯塔·维塔
缎面金银胸针，镶嵌大理石，2017 年

木片和纽扣组合成平衡的抽象作品来制作胸针。芭芭拉·乌德佐设计的"斑点"胸针，灵感源自 1956 年邪教电影中著名的凝胶状"致命液体"，使用看似微不足道的废旧物品制成的，它们在彩色塑料中凝结成随意的形状，却能创作出具有讽刺意味的故事，赋予佩戴者强烈的暗示和诗意的幻想。这些首饰的诞生源于为废旧材料注入新生命，从无用的东西中发现美、诗意和魔力的愿望。

　　当代高级珠宝也更加注重以合理的方式采购贵金属和宝石。"从矿山到市场"，使用经过道德认证和明确可追溯的宝石，成为一些创作者不容忽视的优先注意事项，他们使用创新的区块链以保证其作品完全的可追溯性。企业社会责任之路漫长而复杂，但如今，珠宝业的巨头们若想证明其珠宝的组成是合乎伦理且有可持续性的，就必须走这条路。

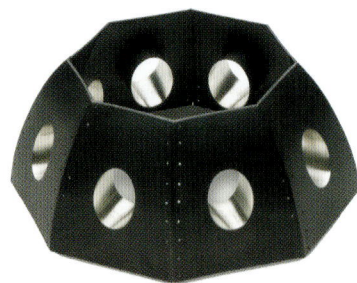

鲁特·彼得斯
银胸针，阿姆斯特丹"室内维多利亚"系列
1990 年

© 罗布·韦尔斯鲁伊斯

阿莱西奥·博斯基
海洋系列"鲨鱼"钯金和玫瑰金胸针
镶嵌钻石、红宝石、海蓝宝石、蓝色碧玺和克什珍珠

拉蒙·普伊格·库亚斯
再生材料胸针，2016 年

芭芭拉·乌德佐"中世纪斑点 I"再生塑料装置艺术
胸针，含原物件、淡水珍珠、银和钢扣，2011 年
© 塞尔吉奥·马拉博利

芭芭拉·乌德佐
再生塑料装置艺术胸针，含原物件

胸针佩戴的
造型示范

　　我们已经看到胸针如何顺应时代，演变为全新的角色，体现功能性、象征意义和美学价值。我们还看到了胸针如何逐渐从功能性环扣转变为珍贵的艺术品。在过往的岁月中，我们看到了用于固定斗篷的大胸针，用于增强紧身胸衣或突出领口的精致胸针，点缀头巾或帽子的美妙胸针，当然为了拥有独特的造型感和存在感可以在西装或礼服翻领上加一个大一点有设计感的胸针，披肩上的胸针大小可以随心所欲地选择。

　　胸针是最具变化性和多用途的装饰品之一。它使我们能够根据自己的创意、最新潮流和所处的环境调整，以最具想象力的方式佩戴它。它也是一种有趣的配饰，我们可以以各种新颖又意想不到的方式佩戴它：让服装变得独特，为配饰注入新活力，甚至打造全新的风格。以下提示并不是硬性规定，只是旨在激发您的创造力并帮助表达个性。

胸针未必只能戴一个

　　胸针是"群居动物"，所以不要一次只戴一个！特别是如果它小巧又不起眼，可以和其他胸针一起佩戴，可以混合不同类型的胸针，将喜欢的金属和颜色形状相似的宝石组合在一起。可以为整个套装选择一个共同的主题——也许是动物、植物或心形并享受玩弄不对称和色块的乐趣。您可以在一件简单浅色夹克的一个翻领上戴上几枚胸针，为整套衣服增添一丝华丽和个性。或者在纯色衬衫上使用一组胸针来打造极致的对话！

佩戴的位置至关重要

　　正如 18 世纪佩戴的仿制珠宝一样，佩戴胸针的位置至关重要，因为它能微妙地显示出佩戴者的个性。当穿着黑色小礼服时，在肩部和胸部线条之间别上一枚华美的胸针，以提升您纯净、简约的优雅气质。在 V 领毛衣上别上一枚浮雕或塞维涅蝴蝶结胸针，就能展现出您浪漫的一面。

　　在衬衫领尖上别上两枚小胸针，作为新的纽扣款式，会告诉人们您拥有不拘一格的创新精神。用古董胸针夹住一条柔软的围巾，变成一个温暖的衣领，会立刻让您散发出"咆哮的 20 年代"摇摆女郎的魅力。将胸针挂在腰带上作为装饰的扣子，或者挂在丝绒带或丝绳上作为吊坠，将闪闪发亮的胸针随意佩戴在短裙、夹克或背心上，您就能立刻成为潮流引领者！

创意也不容小觑

您想过用胸针让您的芭蕾舞鞋更可爱吗？试试用两枚在跳蚤市场上花几毛钱买来的小塑料胸针吧！效果一定棒极了！

创意也不容小觑

也可以复刻一下 20 世纪 20 年代好莱坞女星的精致，在帽子或针织帽下摆的正上方别上一枚几何形或花朵胸针。这样就能营造出一种与众不同的精致复古气息。

在布质手拿包或单肩包上也可以别上一些类似的胸针：小动物、五彩花朵、光谱图画等。晚上外出聚会时，梳一个简单的发髻，在发带上别上一枚亮丽轻巧的胸针。您立马变身为女王！

尽情发挥您的想象力，像美国前大使马德琳·奥尔布赖特那样，在国际外交会议上用胸针来表达她的心境：缓慢谈判时佩戴乌龟和大虾胸针，与阿拉法特打交道时佩戴蜜蜂胸针，面对沉默寡言的国家元首时佩戴象征"不看、不听、不说"的三只猴子胸针。

"愿我如星君如月，夜夜流光相皎洁。"

ALLOVE 馆藏·星耀皇冠系列手镯，18K 金、钻石

后记 1
珠宝凝聚人类的智慧

ALLOVE 斓·觅系列戒指
18K 金、黄钻

　　当我为《珠宝与风格：时代特征与佩戴美学》写下后记的时候，距离我第一次读作者的英文原版书已经好几个年头了。记得我第一次和本书作者克里斯蒂娜·德尔·马雷在意大利见面时，我们相谈甚欢。作为一个人类历史学家，她拥有珠宝专业知识的广度和深度，擅长从人类发展的视角去看待珠宝的演变和扮演的角色，这让我受益非浅。马雷女士的激情也深深感染了我，她毕生致力于珠宝文化和专业知识的普及和推广，在欧美先后出版了近 20 多本重要的珠宝图书，也曾担任意大利唯一一家珠宝博物馆——维琴察珠宝博物馆的首任馆长。我希望我有机会可以将她的专业知识带到中国，让日益成熟的中国珠宝行业和珠宝爱好者从她的书中获得灵感，并碰撞出更多的创意火花。

　　此书的内容很特别，不仅将珠宝种类中的项链、挂件、耳环、戒指和手链逐一按照历史发展的轨迹加以介绍和描述时代的特征，也甄选了各个时期重要的品牌经典作品和博物馆典藏的作品，而且还邀请了米兰著名的插图师苏珊娜·泰斯塔为佩戴实例做了时尚插图，让整本书增加了趣味感和时尚感，与常规的珠宝历史书不一样，多了一点当代的生活气息。

　　在决定翻译此书时，我特意邀请了我90 后的女儿一起加入，那时她刚刚从美国哥伦比亚大学研究生毕业，她是时尚和珠宝的爱好者，擅长研究时尚搭配。曾经在波士顿大学攻读传媒学的期间，她特意选修了罗马史和考古学，再一次用历史回顾的方式看待珠宝的历史演变，她深感珠宝的意义深远。当她翻译的部分接近尾声的时候，也获得了 GIA 颁发的应用珠宝家证书，这次的翻译尝试也让她拓展了自己的视野，丰富了知识面。

　　历史的沉淀具有重要的价值，也为未来的发展打下扎实的基础。作为本书的策划，我特意访问了 90 后新生代的珠宝设计师林烨，他以创作的角度分享珠宝与风格的魅力，也作为此书献给未来创作者的礼物！

《珠宝与风格：时代特征与佩戴美学》策划
独立国际珠宝顾问 毛文
2024 年 1 月 5 日于上海

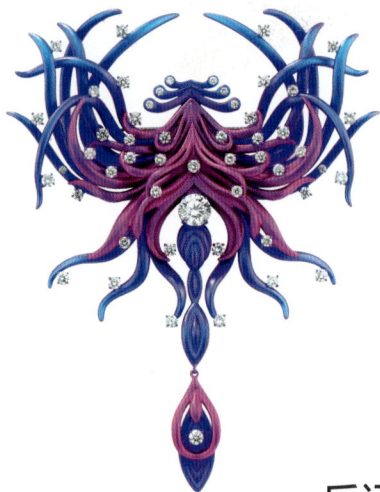

ALLOVE "龙凤呈祥·凤" 高定胸针

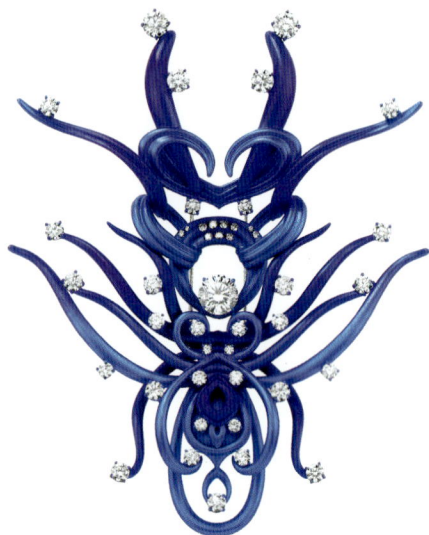

ALLOVE "龙凤呈祥·龙" 高定胸针

后记 2

对话珠宝设计师林烨：
创造当代的珠宝于风格

· 你对自己的设计风格是如何定义的？

与其说风格，可能更应该是想法，在设计中，我尝试融入了很多自己的想法，比如中国的传统文化，还有西方的装饰主义思想等。成为星光达集团的珠宝设计师，是一种全新的开始。在珠宝设计领域，我只能算是初入门径，目前来说，我觉得自己并没有一个完全界定的风格，而且设计师本身，也是一种需要在工作中，不断积累创意和相关的专业知识，不断汲取新鲜养分的职业。

· 中国文化对你的设计有哪些影响？

作为中国新世代的一员，我们对东方式的审美和文化无疑有一种天生的亲近感。所以，我也一直希望能通过蕴含东方深厚文化底蕴的珠宝，来跟新世代的消费者进行"对话"。这种"对话"是一个通过视觉传达的方式来表达我心里中国文化的过程。例如，中国或者说东方的审美，其实就是从意象出发，将那些精神、意境的虚，融入无论是瓷器、书画还是诗词的实，之前设计"龙凤呈祥"的时候，采用了清风拂过水面的波纹，加上龙凤意象，希望能呈现出那种水利于万物而不争的包容，将东方式的意象融合现代的设计，从而转化为大家都能看得懂的、更现代的视觉语言。

· 之前作品的灵感都来自哪些事物？

灵感来自很多不同的事物，例如星空、自然、人文艺术……生活以及文化的方方面面其实都是设计的灵感来源。我觉得，作为一名珠宝设计师，应当不断地保持好奇心，因为时尚这个领域千变万化，只有不断学习新事物，了解新技术，才能更好地保证设计的创作性、可实现性。

· 珠宝首饰设计和创意的过程有什么有趣的故事？

印象最深刻的应该是设计心箭勋章的时候了，因为当时对装饰主义非常着迷，金属的质感、机械的几何、复古的美感……所以很想用这些元素创作一款珠宝，但画了很多稿都不满意，过程中也有过要放弃这个执念的想法。

ALLOVE 觉醒系列手镯
18K 金、珐琅、钻石

· 在你眼中，一件高品质的珠宝首饰有什么主要特征？

首先，应该是最基本的、高品质的材质，还有精细的工艺。然后就是赋予珠宝更多内涵的设计，例如中国传统文化传承数千年，除了自身的美学与人文价值，也是通过不断更迭的设计，从而不断焕发全新的生命力。

但审美也是有时代局限的，在珠宝设计上，我们应该理性而客观地看待当下某些文化领域的情境，比如处在一个什么样的阶段。和过去不同，消费者的生活、审美在不断发生改变，曾经的"经典"未必符合当下的审美需求。所以我觉得，一件好的珠宝作品，应当在材质工艺还有设计的基础上，也能创造契合当下的"经典"。

· 你最想用珠宝首饰这一创作载体表达什么？

我觉得，除了表达自己的观点，珠宝设计师工作最重要的本质，就是为了帮助佩戴者挖掘或者表达自身的个性和风格，通过美学的设计呈现，为他们提供一个最适合的作品，它一定是有温度的、耐看的、有个性的。虽然很困难，但我希望可以能通过自己的设计，赋予珠宝"独一无二"的美，可以让喜欢它的消费者理解其中的美，用珠宝诠释自己的个性，展示自己的风格。

· 你会创作中性首饰吗？中性首饰的创意要求是什么？

其实之前设计的 LINS 产品线，例如觉醒和心箭勋章系列，就是定位中性风的珠宝。

· 珠宝首饰的装饰性和投资性如何兼顾？

珠宝之所以能被人们誉为"全球通"，就是因为它是一种具有高私密性、携带方便的资产。而且那些具有较高艺术和收藏价值的珠宝，在拍卖行的表现，其价值增值也让人非常惊叹。

· 你对珠宝首饰的材质创新有何见解？

各式各样的贵金属、色彩多样的宝石，一直以来都是与珠宝联系最为紧密的材质。我们也一直在思考如何将材质自身持有的特性，如质地的疏密、表现力、色调暗面亮面等，融入珠宝之中。

此外，在新式工艺层出不穷的今天，我们也不断在挖掘前人使用的天然材质中蕴藏的潜力，例如在珠宝上镶嵌 18K 金，几乎可以完美演绎钻石璀璨的"点金成钻"工艺。可以说，工艺的创新，其实也在不断引领更多样的材质创新。

· 你的下一件大作会是什么？

灵感总是一瞬间的事，我也没法断定下一件作品会是什么。但未来还是希望能通过设计一些有故事、有内涵的珠宝，让消费者不仅在日常生活中佩戴，也能在每一个珍贵的时刻陪伴他们。

ALLOVE 龙凤呈祥系列吊坠
黄金、珐琅

词汇索引（按出现顺序）

人名

德·塞维涅夫人	Madame de Sevigne
英国王后亚历山德拉	Queen Alexandra
爱德华七世	Edward VII
艾里斯·阿普菲尔	Iris Apfel
罗兰·巴特	Roland Barthes
阿莱西奥·博斯基	Alessio Boschi
乔治·弗雷德里克·斯特拉斯	Georges Frédéric Strass
卢多维科·伊·莫罗	Ludovico il Moro
比阿特丽斯·德·埃斯特	Beatrice d'Este
马拉	Marat
夏利埃	Chalier
卡特琳娜·德·美第奇	Caterina de 'Medici
F. 贾奎因	F·Jaquin
让·派索	Jean Paisseau
御木本幸吉	Kokischi Mikimoto
路易丝·布鲁克斯	Louise Brooks
卡斯特拉尼	Castellani
卡洛·朱利亚诺	Carlo Giuliano
沃尔特·斯科特	Walter Scott
维克多·玛格丽特	Victor Margherite
路易丝·布鲁克	Luise Brook
美好年代奥德罗	"La Belle" Otero
保罗·波瓦雷	Paul Poiret
嘉伯丽尔·可可·香奈儿	Gabriel Coco Chanel
雷内·莱俪	René Lalique
艾尔莎·夏帕瑞丽	Elsa Schiaparelli
黛西·费罗斯	Daisy Fellowes
艾米·范·勒瑟姆	Emmy Van Leersum
吉斯·巴克	Gijs Bakker
密斯·凡·德罗	Mies van der Rohe
亚历山大·考尔德	Alexander Calder
玛丽·安托瓦内特	Marie Antoinette
莱昂纳多·达·芬奇	Leonardo da Vinci
托马斯·尼科尔斯	Thomas Nicols
科斯坦佐·斯福尔扎	Costanzo Sforza
芮妮·皮森特	René e Puissant
卡米拉·达拉贡纳	Camilla D'Aragona
路易·卡地亚	Louis Cartier
约瑟夫·阿斯利	Joseph Asscher
伊丽莎白·泰勒	Elizabeth Taylor
艾娃·加德纳	Ava Gardner
比鲁尼	Al-Biruni
马塞尔·托尔科夫斯基	Marcel Tolkowsky
帕科·拉巴纳	Paco Rabanne
皮埃尔·沃伊里奥	Pierre Woeiriot
雷内·博伊万	René Boyvin
皮尔·卡丹	Pierre Cardin
乔赛亚·韦奇伍德	Josiah Wedgwood
阿瑟·拉森比·利伯蒂	Arthur Lasenby Liberty
阿奇博尔德·诺克斯	Archibald Knox
海瑞·温斯顿	Harry Winston
保罗·弗拉托	Paul Flato
富尔科·迪·维杜拉	Fulco di Verdura
让·史隆伯杰	Jean Schlumberger
克里斯·埃弗特	Chris Evert
伊迪丝·西特维尔	Edith Sitwell
文森佐·佩鲁齐	Vincenzo Peruzzi
约瑟芬·波拿巴	Josephine Bonaparte
贾琴托·梅里洛	Giacinto Melillo
查尔斯·刘易斯·蒂芙尼	Charles Lewis Tiffany
米里亚姆·哈斯凯尔	Miriam Haskell
赫金·约瑟夫	Heugene Joseff
艾森豪威尔	Eisenhower
哈里·贝托亚	Harry Bertoia
玛格丽特·德·帕塔	Margaret de Patta
肯·斯科特	Ken Scott
阿纳尔多·波莫多罗	Arnaldoand Giò Pomodoro
加斯东·坎达斯	Gaston Candas
恩里科·巴伊	Enrico Baj
特里西·霍尔	Tracy Hall
罗茜·德·帕尔玛	Rosy de Palma
尼古拉斯·皮肯诺伊	Nicolaes Pickenoy
克莱托·穆纳里	Cleto Munari
埃托雷·索特萨斯	Ettore Sottsass
吉尔·莱加雷	Gilles Légaré
安东·门格斯	Anton Mengs
安妮塔·卢斯	Anita Loosos
亚伯拉罕·路易·宝玑	Abraham-Louis Breguet
科斯科维奇	Koscowicz
亨利·维弗	Henri Vever
菲利普·沃尔夫	Philippe Wolfer
安东·门格斯	Anton Mengs
埃托雷·索特萨斯	Ettore Sottsass
保罗·利纳德	Paul Lienard
帕斯夸莱·诺维西莫.	Pasquale Novissimo
奥黛丽·赫本	Audrey Hepburn
葛丽泰·嘉宝	Greta Garbo
玛琳·黛德丽	Marlene Dietrich
贝蒂·戴维斯	Bette Davis
琼·克劳馥	Joan Crawford
帕科·拉班纳	Paco Rabanne
劳伦·巴考尔	Lauren Bacall
丽塔·海华斯	Rita Hayworth
汉斯·霍尔林	Hans Hollein
吉斯·巴克	Gijs Bakker

张磊	Peter Chang
大卫·韦伯	David Webb
波利娜·波拿马	Paolina Borghese
杰奎琳·肯尼迪·奥纳西斯	Jacqueline Kennedy Onassis
罗伊·福克斯·利希滕斯坦	Roy Fox Lichtenstein
安迪·沃霍尔	Andy Warhol
玛丽·奎恩	Mary Quant
吕西安·希尔兹	Lucien Hirtz
贞·杜桑	Jeanne Toussaint
格雷斯·凯莉	Grace Kelly
鲁特·彼得斯	Ruudt Peters
拉蒙·普伊格·库亚斯	Ramon PuigCui à s
芭芭拉·乌德佐	Barbara Uderzo
马德琳·奥尔布赖特	Madeleine Albright
科洛蒙·莫泽	Kolomon Moser
约瑟夫·霍夫曼	Josef Hoffmann
卡罗琳娜·波拿巴·缪拉	Carolina Bonaparte-Murat
约瑟芬·德·博阿尔奈	Empress Jos é phine de
波拿巴皇后	Beauharnais-Bonaparte
奥斯卡·马辛	Oscar Massin
勒柯布·西耶	Le Cor- busier
葛洛丽亚·斯旺森	Gloria Swanson
让·富凯	Jean Fouquet
玛丽安·杰拉德	Marian Ge rard
尼尔斯·赫尔曼	Nils Herrmann
尼克·威尔士	Nick Welsh
乔治亚·欧姬芙	Georgia O'Keeffe
特里西·霍尔	Tracy Hall
安妮塔·洛斯	Anita Loos
克里斯·埃弗特	Chris Evert
奥斯卡·王尔德	Oscar Wilde
文森特·伍尔韦里克	Vincent Wulveryck
丽塔·海华斯	Rita Hayworth
弗朗西斯科·帕万	Francesco Pavan
吉安卡洛·巴贝托	Giancarlo Babetto
艾伯塔·维塔	Alberta Vita
鲁特·彼得斯	Ruudt Peters

地名

吉萨	Giza
夏卡	Sciacca
拉文纳	Ravenna
赫库兰尼姆	Herculaneum
庞贝古城	Pompeii
比亚里茨	Biarritz

品牌名

卡地亚	Cartier
巴尔曼	Balmain
坦斯茨霍恩	Stenzhorn
宝诗龙	Boucheron
梦宝兴	Maboussin

梵克雅宝	Van Cleef & Arpels
乔治杰生	Georg Jensen
璞琪	Emilio Pucci
特里法里	Trifari
蒂芙尼	Tiffany
巴黎尚美	Chaumet
香奈儿	Chanel
莱俪	Lalique
艾尔莎夏帕瑞丽	Elsa Schiaparelli
迪奥	Christina Dior
巴黎世家	Balenciaga
纪梵希	Givency
皮尔卡丹	Pierre Cardin
百达斐丽	Patek Philippe
浪凡	Lanvin
大卫韦伯	David Webb
海瑞温斯顿	Harry Winston
完美爱	ALLOVE
泽列宁	Zelenin
席希思	SICIS
科罗	Coro
昂加罗	Ungaro

珠宝相关名

希腊迈锡尼文明	Mycenaean Greece
伊特鲁里亚风格	Etruscan style
希腊化风格	Hellenistic styles
花果风格	flowers and fruit style
考古风格	archaeological style
花环风格	garland style
新艺术时期	Art Nouveau
装饰艺术风格	Art Deco
白色风潮	mode blanche
包豪斯风格	Bauhaus styles
极简主义风格	minimalist
空窗珐琅	plique a jour
琉璃工艺	pâte de verre
颤动工艺	en tremblant
累丝工艺	filigrees
造粒技术	micro-granulation technique
硬石雕刻	cameos
微型马赛克工艺	micro mosaic
韦塞克宽领项链	wesekh
三角胸衣胸针	devants de corsage
颈圈项链	colliers de chien （Chocker）
煤气管项链	gas pipe (tubogas)
订婚戒指	anulus pronubus
圣甲虫	Scarab
星河钻石项链	Rivie res diamond

钻石尖顶戒指　　　　　　　　diamond cusp ring

玫瑰切钻石　　　　　　　　　rose Cut

明亮式切割钻石　　　　　　　brilliant cut

激情切工　　　　　　　　　　passion cut

马扎林琢型　　　　　　　　　Mazarin's cut

阿斯利琢型　　　　　　　　　Asscher Cut

钻石经典六爪镶嵌　　　　　　Tiffany setting

梵克雅宝隐密式镶嵌工艺™　　mystery set

水钻　　　　　　　　　　　　strass

莱茵石　　　　　　　　　　　rhine stones

鹿齿　　　　　　　　　　　　Hirschgrandln

东瀛赤铜　　　　　　　　　　ashakudo

挂锁　　　　　　　　　　　　Cadenas

克里奥尔圈圈耳环　　　　　　Creole models

奇美拉手镯　　　　　　　　　Chimera bangle

吊坠式手链　　　　　　　　　charm bracelets

钻石网球手链　　　　　　　　Diamond tennis bracelets

塞维涅胸针　　　　　　　　　à la Sévigné

插针式胸针　　　　　　　　　broché cliquet

新洛可可风格　　　　　　　　neo rococo

壮游纪念品　　　　　　　　　Grand Tour souvenir